阅读成就思想……

Read to Achieve

治愈系心理学系列

共情的边界

高敏感的你，如何活得更自在

The Happy Empath

A Survival Guide For Highly Sensitive People

[美] 克里斯蒂娜·罗丝·埃勒（Christine Rose Elle）◎ 著

胡军生 等 ◎ 译

中国人民大学出版社

· 北京 ·

图书在版编目（CIP）数据

共情的边界：高敏感的你，如何活得更自在 / (美) 克里斯蒂娜·罗丝·埃勒 (Christine Rose Elle) 著；胡军生等译. -- 北京：中国人民大学出版社，2021.8
ISBN 978-7-300-29641-8

Ⅰ. ①共… Ⅱ. ①克… ②胡… Ⅲ. ①情绪—自我控制—通俗读物 Ⅳ. ①B842.6-49

中国版本图书馆CIP数据核字(2021)第140061号

共情的边界：高敏感的你，如何活得更自在

[美]克里斯蒂娜·罗丝·埃勒（Christine Rose Elle） 著

胡军生 等译

Gongqing de Bianjie: Gaomingan de Ni, Ruhe Huode Gengzizai

出版发行	中国人民大学出版社		
社　　址	北京中关村大街31号	**邮政编码**	100080
电　　话	010-62511242（总编室）		010-62511770（质管部）
	010-82501766（邮购部）		010-62514148（门市部）
	010-62515195（发行公司）		010-62515275（盗版举报）
网　　址	http://www.crup.com.cn		
经　　销	新华书店		
印　　刷	天津中印联印务有限公司		
规　　格	130mm×185mm　32开本	**版　　次**	2021年8月第1版
印　　张	5.75　插页1	**印　　次**	2024年5月第5次印刷
字　　数	80 000	**定　　价**	55.00元

译者序

“理解万岁”这句被评为改革开放以来对中国人观念影响最大的十句口号之一、20 世纪 80 年代红遍中国大地的流行语[①]，直到今天仍然是盛行不衰。我们都渴望得到他人的理解，也都渴望自己能够善于理解别人。因此，我们强调要多多进行换位思考，从而能够更好地理解别人。换位思考被称为

---

① 摘自 2008 年 12 月 5 日《光明日报》刘勇所著文章。——译者注

智慧的关键，其实也是人们共情水平的体现。

通常来说，我们似乎很容易将“共情”理解成能够体察他人的感受与情绪，但这指的更多是主动去察觉别人的感受或情绪，在我理解的共情中，共情更多的是指被动受到别人感受与情绪的影响，核心是体验到别人的感受，或者说是自然而然、下意识地感受到别人的感受与情绪。这一主动与被动之分，似乎是共情的关键本质。如果我们将共情具体到情绪上，可能能够更确切地把握共情的本质，如果共情是对他人情绪的共情，那么可以简单地将共情理解成容易被他人的情绪所感染。

但是，共情水平高，或者说，对别人的感受与想法极为敏感，就真的很好吗？我们可能都曾经历过安慰别人的时候自己也很难受，亲人、朋友痛苦时自己也非常痛苦的情况。如果我们不能感同身受，就无法真正地体验到别人的痛苦，就无法真正安慰别人、理解别人；但是，如果我们感同身受，也就是高度共情，又会给自己的情绪带来困扰，扰乱自己内心的平衡。因此，对于那些高度共情，或者说对他人的感受极为敏感的人来说，共情能力就像一把双刃剑，在帮助他们更好地与他人相处的同时，又会破坏他们自己内心的平静，甚至是影响他们的身心健康。共情能力没有成为他们“天赐的礼物”，反而成了他们人生的诅咒。

其实，让人痛苦的不是共情能力，而是除了共情之外再没有其他能力。我们需要学会掌控自己的共情能力，而不是被其所左右；否则，共情者很容易就会受到他人情绪的感染，从而不是情感耗竭、濒临崩溃，就是出现情感隔离，对他人的感受与痛苦完全不敏感，即情感麻木。因此，重要的不是将共情能力当成诅咒，而是学习怎样在利用共情能力的同时，又不受自身共情能力的干扰。有鉴于此，克里斯蒂娜·罗丝·埃勒根据她的人生体验，以及她在实践过程中对客户的训练经验，撰写了这本《共情的边界：高敏感的你，如何活得更自在》，以期帮助共情者以及高敏感人士将所面临的情绪压力转化成能力，从而保护自己的身心健康。在这本书中，作者提供了能够帮助共情者了解自己所属共情类型的方法，以及在机场、餐厅、商场乃至办公室、家庭等日常生活场所中如何利用自己的共情优势，而又不受其影响的技巧。读者照此练习，将会感受到自己的共情能力不再是自己追求幸福生活的阻碍，而是人生利器。

国内对“共情”（empathy）一词有多种翻译，如移情、同情、同理心、共感等，考虑到该术语的内涵主要是指体验到他人的感受与想法，故我们觉得翻译为“共情”可能更为合适。虽然本书只是一本通俗读物，作者没有引用科学研究证据来支持自己的观点，但是本书通俗易懂，里面介绍了各种帮助共情者以及高敏感者调整自己身心的技巧与方法，对人们还是会有很大帮助的。这也是我们将之引进、翻译成中文的初衷。

本书由我带领我的研究生共同翻译完成。何京艳翻译了本书第 1 章和第 2 章，张雪燕翻译了本书第 3 章和第 4 章，戴子涵翻译了本书第 5 章和第 6 章，刘军波翻译了本书第 7 章、第 8 章和第 9 章，全书由我统一审校。最后还要感谢中国人民大学出版社的编辑老师们，正是因为他们的努力工作，本书才能这么快与读者见面。由于译者水平有限，译稿难免错漏，恳请读者批评斧正，谢谢！

胡军生

2021 年 7 月

前言

共情者的生活是什么样子的？在认识世界的时候，你会用自己的感觉引导自己的直觉。你会发现自己身边总是聚集着一些负能量的人，并觉得这扰乱了自己内心的平衡；你会发现自己总是吸引一些喜欢过度分享的陌生人，以及占据你全部注意力、耗尽你精力的堪称“能量吸血鬼”的人。你喜欢通过独处来恢复能量。你拥有丰富的想象力、创造力，并充满了激情。如果上面这些描述听起来很熟悉，那你很可能就是一个共情者。

虽然绝大多数人都会体验到共情和同情，但共情者对自己和别人的情绪都更加敏锐。不管是对于内向还是外向的人，抑或居于其间者，共情都是人类体验中的一个重要部分。一旦你知道怎样掌控自己的情绪，你就几乎可以在任何环境下都保持弹性和灵活性。遗憾的是，由于缺乏一定的技巧去把控自己以及他人的情绪，许多共情者的高敏感能力不仅没有成为他们“天赐的礼物”，反而成了一个诅咒。

在 20 世纪七八十年代，世界上还没有关于内向、外向和高敏感性的图式。但是我在回顾自己童年时期的行为时，发现自己有着明显的共情天赋。我会藏在黑暗的壁橱内和床底下，以躲避那些吵闹的兄弟姐妹和乱糟糟的家族活动。这些昏暗的、压抑的空间可以让我调节自身的高亢情绪。我小时候患有慢性胃痛，因为我感受到了照顾我的成人们的焦虑情绪，并把这些焦虑加诸了自己身上。为了应对这个问题，我开始寻求动物们的慰藉，我将注意力转移到它们身上，才慢慢恢复了平静。

现在，我已经学会带着自己的共情天赋去工作，并且知道自己有着无可转圜的超低刺激阈限，需要大量的“技能冷却”时间。在对客户进行生活教练的时候，我使用了作为一个共情者的技巧，以便在更深层次上与客户建立联结和形成融洽的关系。我的共情也有助于我去理解那些与自己价值观不同的人。当我无意识地察觉到别人的情绪时，我发现自己很难辨别哪些情绪才是真正属于自己的。此外，我还发现，感受他人的情绪是一个营造联结感和归属感的有力工具。

通过学习怎样将同理心引导向内，你也能学会将自己身为共情者所面临的情绪压力转化成能力。在这本书中，你将发现一些实用的工具来管理你作为共情者的生活。你将了解到怎样去识别那些无益的习得行为，并学会如何使其有助于自己将注意力集中在生活中有意义的方面，而不是被他人的情绪所扰乱。

本书中的彩虹测验能够帮助你了解自己最有可能是八种共情类型中的哪一种。然后你就可以利用本书的颜色编码小贴士来学习如何运用自己的共情优势了。其中一些小贴士不仅适用于所有类型的共情者，也适用于那些想要与他人加深关系的人。

如果你是一个共情者，那本书就是一个帮助你学习如何应对日常生活挑战的指南。你可以使用其中的一些实用工具来增强自己的共情天赋；你也能够学会识别那些无益的习得行为，并将其转变成有目的的行动。如此，你就可以不被那些不属于自己却可能扰乱自己心神的情绪所影响，从而灵活掌控自己宝贵的共情天赋。学习这种独特的自我照顾方式，将会使你这个共情者享受到充满活力且内心平衡的生活。

目录

第1章

你的共情类型决定了你对什么敏感

本书中的彩虹测验能够帮助你判断自己属于哪种共情类型，从而更深入地掌握那些专门为你设计的方法。如果你觉得自己属于不止一个类型，那就将重点放在那些主要的优势上。直觉型共情者能够运用他们的能力来识别他人未说出口的情绪，从而更好地与同伴沟通。而职场中的环境型共情者可以运用他们的本领去营造一种和谐的氛围，以促进同事之间的交流。

不同的共情类型除了具有各自的特点外，还有以下一些共同的特性。

我们都有非常敏锐的感官。共情者运用自己的五感（视觉、听觉、嗅觉、味觉、触觉）来处理和驾驭周遭环境中的刺激。我们根据自己的感觉来了解和解释他人的行为，并通过对这些信息的加工来培养自己的情商。我们的童年经历以及对成年看护者的依恋模式使我们发展出了非常敏锐的感官。尽管共情能力是童年生存策略的结果，但这些品质也可以通过爱、积极参与和有意识的培养来发展。

我们都是直觉型的人。直觉是一种技能，当你学会相信自己所感觉到的信息，并根据这些信息采取适当的行动时，这种技能就形成了。我们都有过这样的经历：我们的直觉让我们感受到了什么，但我们却没有听从直觉，直到发现直觉正确，却只徒留后悔。什么时候当我们认识到自己的感觉在暗中向我们发送可以信任的信号时，更高水平的直觉就发展起来了。也就是说，一旦我们感觉到颈后的寒毛竖起，就要相信是时候逃跑了。

我们都需要很多独处时间。独处时间除了能够释放我们因作为共情者而产生的脆弱和敏感外，还可以清理我们那被过度刺激的感觉系统，使我们能够继续在这个世界上生存，而不至于崩溃。独处是所有共情者加工感觉信息和恢复能量的方式。

负面信息对我们的影响极大。每个人都会受到负面信息的影响，但是对于共情者来说，如果长时间暴露在负面信息中，而没有对其影响进行平衡的话，就会给情绪敏感的身体造成生理上的损害。如果我们不去处理所受到的创伤，我们的身体就会受到伤害，并产生一系列症状，如偏头痛、消化不良、战斗–逃跑反应，甚至出现僵直反应[①]。

我们的精神生活很丰富。一个身心平衡的共情者具有丰富的想象力和创造力，对许多事物都充满激情。我们热爱学习，享受人生的美好，在个人成长的道路上敢于冒险。我们好学，充满了好奇心，对很多事情都很擅长。而且，我们对人际关系的体验也深深地影响了我们的精神生活。

我们非常容易招来能量吸血鬼与自恋狂。能量吸血鬼是指那些无法承担起满足自身情绪需求责任的人，他们指望别人来填补这一缺口。因此，在能量吸血鬼和自恋狂的眼中，共情者就像是唾手可得的果实。还有谁能比一个能与他人高度“同频”，并将情绪反馈给他们的人更适合“用来”寻求情感

① 面对危险刺激时，感觉自己无法动弹的状态，也就是吓呆了。——译者注

满足呢？每个人都可能成为别人的能量吸血鬼，即使是共情者。但通过强调自身需求以及保持边界，诸如内向者和共情者等高敏感人士可以解决这个问题。

通过彩虹测验，了解你的共情类型

彩虹测验（the rainbow quiz）是通过一系列问题来探明你的主要共情类型。仔细阅读每个问题，思考它们是否符合你的情况，然后用“是”或“否”来作答。如果你对所有问题都回答“是”，那就仔细思考一下哪些问题所包含的情景和主题是你经常经历的，然后选择最能代表你主导经历的共情类型。大多数这类性质的测验都要求根据第一反应迅速作答，但彩虹测验不同，需要你仔细思考后再作答，所以填写时不要着急，考虑清楚之后再作答。

- 紫色：当有人说的话与他们的内心感受不相符时，你会产生一种强烈的不安感吗？
- 红色：当你身边有人表现出敌意或被动攻击时，你会莫名其妙地感到愤怒吗？
- 粉色：当你参与创造性任务或观看创造性作品，如绘画、电影、舞蹈时，你是否会产生强烈的情绪感受和深刻的领悟？
- 橙色：当有人因药物、酒精等物质的严重滥用或受到创伤而情绪低落时，你能感受得到吗？
- 绿色：在大自然中，你是否格外地感到充满活力？
- 红色：你能感觉到一个人的反应是下意识的而不

是有意的吗?

- 棕色：你能通过观察一个人的生活环境来了解他吗?
- 紫色：当别人说谎时，你能轻易察觉到吗?
- 橙色：当别人处理创伤时，你能察觉出来吗?
- 棕色：即使威胁小到几乎察觉不到，当你对袭来的恐惧产生战斗–逃跑或僵直反应时，你能意识到吗?
- 红色：当别人感到快乐时，你是否也会开心，并觉得与人性的联结更紧密了?
- 靛蓝色：你能理解动物和其他有情众生的情感吗? 能“听到”它们的内心对话吗?
- 粉色：你能通过观察艺术家的创意作品感受到他的过往经历吗?
- 黄色：你是否很容易察觉到别人隐藏起来的、不想让你知道的方面?

- 绿色：你是否觉得植物与你之间存在着明显的积极联结，并感受到它们的生存需求？
- 棕色：你能感受到在诸如餐厅等等级化、受控的公共场所中的不同员工是如何被对待的吗？
- 橙色：当别人生病或感到痛苦时，你是否也会感到身体不适？

共情的八大类型

红色：情绪型共情。这类共情者的普遍特征是能够感受到他人的情绪，就像这些情绪是他们自己的一样。人们意识到自身具有共情天赋很可能就源于他们感受到了他人的情绪。有些共情者对他人的感受非常敏感，这甚至掩盖了他们所具备的其他共情能力。

橙色：身体型共情。这类共情者有很强的直觉能力，能够通过触摸或近距离的身体接触觉察到他人的身体感觉；同时，他们自己身上也会出现同样的感受或症状。他们对肢体语言特别敏感，触觉是他们收集信息的主要感觉通道。

黄色：能量型共情。当你近距离接近或接触一个人的身体时，你那敏锐的五感会使你产生一种关于他的“只可意会”的综合感觉或印象。你对对方产生了一种整合式的感觉，既包括他们的身体状态，也包括他们的内心状态。

绿色：植物型共情。你的感官印象有助于你凭直觉察觉到花草树木和其他生物体的需求，并建立起你作为人类与植物之间“意识”上的联系。你喜欢触摸，从植物旁走过时，你喜欢摸摸它们或与它们交流。你非常崇尚自然，认为自己精神中的某些重要方面是与自然世界交织在一起的。

靛蓝色：动物型共情。当我们观察他人的面部表情时，我们的镜像神经元就会被激活，从而帮助我们解读他人的情绪和身体语言，并做出适当的情绪反应。如果你是动物型共情者，那么在你观察动物的动作与姿势时，这些神经元也会被激活。你能够利用感官获取的信息与动物之间建立起密切的联系，深刻感受到它们的原始需求。没有哪只猫或哪只狗是你不能与之交流的。从儿时起，你就能强烈地感受到动物的情感世界。

紫色：直觉型共情。作为一种技能，直觉是随着你学会听从与信任所接收到的感官信息而逐渐发展起来的。作为一个直觉型共情者，你与自己的五感之间存在着密切的联系，并深深地相信自己所接收到的信息，尤其是那些别人几乎察觉不到的信息。你能迅速地从他人的情绪反应中提取出微妙而敏感的信息，以至于你有时甚至能预测出他们的反应和行动。

粉色：审美型共情。这类共情者能够领会到艺术、电影等创造性作品中所蕴含的情绪和创作者想表达的内涵。他们所具有的直觉式观察使他们能够深刻领会作品中蕴涵的主题，从而了解创作者。他们的左右脑功能通常都很协调，从而使他们能够表达出某些深奥事物的含义。他们能够从任何事物中发现美和潜在的意义，尤其是在大多数人都察觉不到时。

棕色：环境型共情。这类共情者能够运用五感使自己的身体和情绪与周围的环境保持协调，无论是在自然环境还是在如住宅、建筑等结构性的物理环境中。他们对自己应对威胁的战斗 – 逃跑和僵直反应有着非常清晰的认识，并懂得信任那些提示潜在危险的细微信号。人员拥挤的地方可能是他们最不喜欢的，因为那里的能量太混乱了。

了解自己的共情类型能够提升你的生活质量

你已经知道了自己的共情类型，那么你现在最希望的可能就是对自己的独特能力了解得尽量多一些，包括怎样去提升它们。作为一个共情者，你可能需要了解一些驾驭困难情况的方法，使自己既能利用已有优势，又能保持健康与理性。在阅读这本书时，你会发现自己的共情类型有一个对应的颜色。本书的每一章都有一些专门介绍共情类型的版块，其中概括了与某些共情类型相关的重要的、可操作的方法与小贴士。

虽然颜色小贴士对特定的共情类型最有价值，但由于不同类型的共情其实是高度相关的，因此大部分小贴士对所有的共情者都有帮助。同时，这些小贴士也有助于共情者的朋友与亲人更深入地了解他们的能力，以及他们可能会面临的问题。

如果你想快速找到本书中与自己共情类型相关的问题的解决方法，那么这些小贴士能够帮助你快速定位。绝大部分小贴士都包含冥想练习，这是针对你可能每天都要经历的情况而专门调整过的小技巧。你可以将这些快速解决方案看作追寻幸福中的一部分，你使用的越多，其效果就越好。

共情小贴士

情绪型共情（红色）：你能够感受到他人的情绪，就好像这些情绪是你自己的一样。

身体型共情（橙色）：你能通过靠近别人，凭直觉感受到他人的身体感受，并产生同样的感受或症状。

能量型共情（黄色）：当你近距离接近或接触他人的身体时，你能对他人的情绪形成一个综合的印象，而这难以用语言表达出来。

植物型共情（绿色）：你能通过直觉感受到花草树木和其他生物体的需求，从而建立起人类与植物之间“意识”上的联系。

动物型共情（靛蓝色）：你与动物之间有着密切的联系，能够通过直觉深刻地察觉到动物的原始需求和行为。

直觉型共情（紫色）：你非常信任自己的五感所接收到的感觉刺激，并能够抓住那些微妙而敏感的感觉信息。

审美型共情（粉色）：你能够领悟到艺术、电影等创造性作品中蕴含的情绪和创作者想表达的内涵。

环境型共情（棕色）：你能够使自己与周围环境保持协调，无论是自然环境还是如住宅、建筑等结构性的物理环境，并对该环境的性质产生一个综合印象。

第 2 章

共情一旦越界，就会活得很敏感

简而言之，共情者就是指那些能够强烈体验到别人情绪、感官感知能力非常发达的人。他们能够通过解读他人的肢体语言使自己与他人的感受同频，能够通过观察那些反映厌恶、恐惧、快乐、悲伤、轻蔑等瞬间感受的微表情来判断他人的情绪。他们还善于对他人的手势或面部表情进行解读。通过直觉与本能式的观察，共情者能够深深地感受到他人的情绪。

作为一名共情者意味着什么

对共情者来说，与他人的感受同频是一种本能的反应。在日常生活中，共情者就像磁铁一样收集和处理各种情绪。也正是因为这种能力，他们需要有意识地进行自我照顾，深入管理自己的情绪，避免焦虑、抑郁，甚至是崩溃（因暴露于过多的刺激中所致）。

尽管强大的共情能力确实是一种天赋，但经常活在他人的情绪中会很快耗尽共情者的“电量”，使他们的内心失衡，产生一种枯竭感。因此，学会如何管理日常体验和人际互动就变得至关重要。通过运用本书中的冥想技术与方法，共情者能够缓解那些如影随形的焦虑，从而维护自己的福祉。

共情者与内向者之间的异同

共情者在很多方面都与内向者相似，但他们之间也存在一些细微的区别。例如，在一天结束时，他们都需要一些独处时间来恢复能量，重新获得内心的平和。他们之间的关键区别在于，共情者还会利用这段时间来摆脱一天当中他们从别人那里收集来的情绪；相比之下，内向者却只需要恢复能量，而不需要处理从他人那里所积累的情绪。一个常见的误解是，所有的共情者都很内向。事实上，虽然很多共情者都很内向，但也有很多中间型甚至外向型人格的共情者，他们恢复能量的方式各有不同。

不管是内向型还是外向型共情者，当他们学会利用自己独特的共情天赋，发展自己的共情优势，将这些优势与情绪处理技能结合起来，并创造出能使他们实现健康发展的内心平衡时，共情的真正魔力就显现出来了。共情者能够通过采取一些减少焦虑、管理情绪健康的行为来为那些具有挑战性的体验赋予意义。

太有同理心的孩子，难免会出现情绪波动

儿童是情绪同频的大师，他们从成年照顾者那里学会了怎样去调节自己的情绪。婴儿在被哺乳、拥抱或睡觉时，会本能地将自己的心跳调整得与母亲一致。通过这种调整，儿童得以与自己的照顾者保持同频，从而在食物、睡眠和爱等方面获得满足，实现成长与发展。同样，与成年照顾者保持同频也能够满足其情感上的需求。通过学习如何进行同频，他们的依恋风格得以形成。如果照顾者很冷

淡、难以接近，那么婴儿在试图与其同频时就会感到痛苦，并出现情绪困扰，因为他们非常渴望建立一种令自己感到安全的联结。只有当婴儿体验到父母与他们的情感及内心相连时，他们才更有可能形成安全的依恋模式。

在对照顾者的联结需要上，作为共情者的孩子们并没有什么特别的，但他们需要较少的刺激来维持情绪平衡。明亮的灯光、响亮的声音或喧闹的家庭环境是很多孩子都喜欢的，但对于一个儿童共情者来说，这些刺激可能难以承受。在那样的环境中，他们通常希望父母能提供一些情感慰藉。虽然所有孩子都依赖照顾者来平衡他们那变幻莫测的情绪，但高敏感的儿童可能需要父母更多的抚慰，因为他们会经常经历一种刺激过载的状态。此外，与其他儿童相比，高敏感与高共情的儿童对感官刺激的反应更为夸张。

对儿童共情者来说，自我安抚是他们必须掌握的一项基本技能，以应对日常生活中的各种急剧变化、过多的感官刺激以及压倒性的情绪。照顾者可以耐心观察高敏感儿童自然表现出的自我安抚行为，并鼓励他们养成这些行为习惯，从而为他们提供支持。当一个快要崩溃的孩子表达他们的情绪时，照顾者宽慰式的仪态对他们来说就是一种支持。此外，照顾者还可以用平静的呼吸来抚慰伤心的孩子。帮助孩子平静下来能够为他们将来掌握自我安抚能力奠定基础。

父母如何在共情孩子的同时进行自我照顾

在养育孩子的过程中，父母需要在孩子应对情绪挑战时支持他们，并对他们进行深度的共情。在觉察孩子的情绪时，共情的父母还需要平衡自己的情绪。要想恰当地支持家人的情绪，学会建立与维持明确的界限是至关重要的。共情的父母会感受到孩子的情绪，但这并不一定要以牺牲自己的幸福为代价。事实上，为了给家庭和睦奠定一个坚实的基础，关键是要找到自我安抚、自我照顾的方法，保持良好的情绪健康。需要记住的是，孩子们会与自己的照顾者保持同频，下意识地观察照顾者，并在此过程中学习如何去感受和发展自己的情绪语言。作为一个共情者，维护你自身的情绪健康将教会你的孩子做同样的事，并提高他们的情商。

共情的父母能够为家庭提供充足的情感资源。动物型共情者可以教导孩子们如何对动物表达爱心，激发他们对各种生物的关爱，并享受这种关爱所带来的满足感。直觉型共情者能够运用五感将孩子带入一个充满奇思妙想的世界，并帮助他们磨练那尚在发展中的感官。共情的父母还可以利用自己的共情天赋与孩子度过一段高质量的时光。审美型共情者可以和他们的孩子一起参观博物馆，通过欣赏艺术作品产生共同的感官体验，来加强彼此之间的联结。同理，身体型共情者可以通过运动、瑜伽或其他身体活动来与孩子建立联系。

为人父母者，通常都希望被认为是完美的照顾者，他们在努力做好爸爸、好妈妈的过程中细心地照料着孩子，有着无尽的耐心。但实际上，他们往往对自己做父母的能力感到不安，因为他们不知道自己所做的选择是对还是错。他们只是尽了最大的努力。

不管怎么说，为人父母都是一项很具挑战性的任务。但是对深层次的爱与联结的渴望使人想要成为父母。在催产素的作用下与孩子所建立的亲密联结就是对做父母的回报，不过在为人父母的过程中，也会有令人疲惫、沮丧和精疲力竭的时候。孩子们总是吵闹个不停，既任性又邋遢，而且精力似乎永远都用不完，除此之外，他们还是永不停歇的“碎钞机”。所有这些都可能击溃一个共情的父母。

此外，如今养育孩子的文化比以往任何时候都要严苛。托儿所、价值引导、教育、营养……所有方面都使为人父母者感到在被他人评判，觉得缺少支持。依靠共情优势来提高育儿技能是父母们自我支持与自我指导的有力工具。而这种方法也被有些社区用来构建大家所熟知的“村落”，以便培养有爱心、内心整合的人。

共情小贴士

情绪型共情者（红色）：你可以通过问自己以下两个问题来判断哪些情绪是属于自己的，哪些是源于别人的。

第一个问题：“在我变得愤怒、悲伤或兴奋之前，我感受到了什么？”第二个问题：“在这种感觉出现之前是否发生了某个触发事件？”如果你之前的感觉很好，而且也没有什么明显的触发事件，那就说明你很可能是被别人的情绪感染了。做几次深呼吸，然后让这种感觉自然消逝。

动物型共情者（靛蓝色）：你知道动物都有它们自己的交流方式，而且并不是所有的动物都想要被抚摸。

当狗狗感到害怕、需要呵护或行为难以预测时，你是能感受得到的。你可以将这些关键信号告诉孩子们，教他们学会尊重动物。当狗狗耷拉着尾巴、撅着嘴时，最好远远地看着它们，而不要靠近。你的孩子可能只是想抱一抱它们，但如果忽视了动物的复杂行为，就可能会被伤害或者伤害动物。你可以和孩子们分享你与动物之间的紧密联结，以便他们也学会识别这些细微线索。

直觉型共情者（紫色）：你能够完全掌控自己接收到的感官信息。

你已经体验过如果说服自己放弃知道的事情，不相信自己的直觉，将会面临什么困境。

回想一下之前违背直觉后所发生的糟糕后果。把这些经历写下来，然后好好体会一下自己的身体有什么感受，并把这些感受记录下来。通过写日志的方式对这些经历进行剖析，能够赋予其新的意义，并提高你的情商。把这些日志当作一种资源，当你怀疑自己作为父母的本能直觉时，可以将它们作为参考。

第 3 章

置身繁忙的公共交通中，高敏感人士如何才能获得安全感

如何在早晚高峰的公共交通上“活下来”

对共情者来说，四处走走和去某个地方的体验是不同的，这取决于他们住在哪儿。那些依靠公共交通或拼车方式去上班、购物或四处转转的共情者会接触到很多人。暴露在公共交通环境里的诸多刺激中，共情者很可能会感觉刺激过载。

生活在城市里的人们每天都穿梭于繁忙的人行道上，人与人之间互相避让，到处都充斥着杂乱的声音，从动听的背景音乐到聒噪的喧闹声，此起彼伏。与人共乘会激升共情者的焦虑，导致他们的情绪过载。比如出租车的后座上可能还遗留着之前乘客的能量与气味，而与司机打交道的压力也会使共情者不堪重负。

如果你发现司机走的路线不是你平时所走的，你的焦虑情绪就会达到顶峰。如果车上还有其他乘客（一起拼车的人）的话，那么在这个封闭、狭小的空间里，你可能会觉得透不过气，像患了幽闭恐惧症一样。这时你很可能想打开窗户透透气，但你的教养又可能让你担心其他乘客不喜欢窗户大开，让风吹得呼呼的。

这时，又有一名乘客上了车，他“砰”的一声关上了车门，然后阵阵体味向你袭来。司机把音响开得很大，音乐声很吵，但你又不好意思开口让他关小一点，你觉得这像是在“挑事”。你觉得自己能够忍受这点不适，直到你意识到在交通拥挤的情况下，似乎永远都到不了下一个路口。这时，突然响起一阵电话铃声，尽管空间很封闭，但前排座位上的女士还是接听了电话。你旁边的人正噼里啪啦地按手机键盘发短信，而他的包正慢慢入侵你的空间。

封闭、拥挤的空间对共情者来说特别具有挑战性，尤其是在纷繁杂乱的环境中。视觉上的冲击，各种声音、气味的充斥，还有能量的混合，会迅速打破你的情绪平衡。下面几个简单的步骤，也许能帮助你恢复平静、保持头脑清醒：第一步，将注意力放在你的双手上，仔细去感受双手的温度与掌心的位置；第二步，深呼吸，同时弯曲手腕，慢慢移动，先将注意力集中在右手，再集中在左手，最后集中在双手上；第三步，将注意力集中在你的呼吸上，然后再转移回双手。这个练习能够同时激活人的左右脑，将刻板的、条理化的左脑与情绪化的、强适应力的右脑整合起来。在深呼吸的同时将注意力集中在双手上，是你在任何情况下都可以采用的最方便、最不引人注目的冥想方法，尤其是在狭小的空间中。

识别出那些能够帮助你进行自我安抚的行为，可以让你在需要的时候将它们从你的工具箱中“调”出来。不要采取那些逃避导向的策略，如刷Facebook，或为了防御焦虑而让自己变得麻木，甚至进行人格解体。因为这些策略会让你在到达目的地之前就精疲力竭。

走在繁忙、快节奏的城市中，如何避免烦躁

步行可以说是最适合共情者的出行方式了，因为它将呼吸与重复性的身体运动结合在了一起。除非你有身体障碍，否则步行很可能是你通常最喜欢的出行方式。你可能会看到树木上盛开的花朵，闻到新修剪过的草地的清香，或欣赏当地的建筑。当然，这一切都取决于你住在哪儿。你甚至可以听着最喜欢的音乐或广播做一会儿白日梦。然而，在拥挤的城市中穿行也会是一项挑战。当你穿行在人群中时，你可能会感到烦躁。公共汽车尾气和热咖啡混合的气味可能会让你难以承受，迷路的狗可能会

引你伤心，而从十字路口呼啸而过的警车的警笛声也可能会扰乱你内心的平衡。

走在繁忙的城市街道上所产生的感觉有点像电影中使用的蒙太奇手法[①]。身在其中，你会无意识地与身边经过的每件能量事物都保持同频。共情者若想顺利地穿行在城市中，需要戴一副神奇女侠的手镯来帮助他们抵挡无数会强烈冲击其感官的情感子弹。这种高能量的流动有时会令人振奋，但有时却会让人晕头转向。一种解决方法就是努力让你的步伐与外部能量保持同频。此时加快脚步可以使你与外部能量处于同频状态，从而与那种嘈杂保持和谐。还有一种方法就是给自己的感觉贴上标签。你

---

① 意指把分切的镜头组接起来的手段，当不同的镜头被组接在一起时，往往会产生各个镜头单独存在时所不具备的含义。——译者注

可以在内心对话中，给每个刺激都贴上一个标签。比如，走失的狗：伤心；满溢的垃圾桶：恼火；男士为女士拿钥匙：希望，等等。这种方法能够使你有意识地去观察所有这些日常生活中必不可少的事物，而不是去掌控它们。要想获得幸福，你就要学会适应各种环境、保持灵活性，不管是在情绪上还是身体上都是如此。而在繁忙的城市街道上穿行就是一种好的练习方法。

在高能量流的机场，如何避免不安感

那些中转性的场所，比如机场，会充斥着各种不同的能量。有时，那里是一个不错的坐下来休息的地方，你可以舒服地坐等你的航班，看着身穿制服、拉着行李箱的空勤人员来来往往，带着行李和颈枕的形形色色的度假者悠闲地走过。相比之下，登机过程往往会让人烦躁。时动时停的安检队伍、试图绕过“蜗牛”们插队的着急乘客，还有航班的意外延误，都会使人产生明显的紧张和压力。

能量的相互碰撞可能会使人们觉得环境很杂乱，进而产生一些非理性的群体行为。比如，还没到登机时间就都挤在登机口，飞机落地后舱门还没打开就解开安全带离开座位。在这种密闭空间内，在这些不耐烦的情绪、此起彼伏的争抢以及不安感的冲击下，共情者可能会产生一种被狂轰滥炸的感觉。甚至在登机之前，你就觉得自己已经穿行了整个情绪世界。

此时，有一些冥想技巧可以帮助你回到现实中，将自己锚定在此时此地。高能量环境引起的不安情绪通常会表现为身体上的紧张，那么识别出这些紧张的身体区域，并有意识地将呼吸引导到这些区域，就可能有助于你放松下来。如果你正坐着等待登机，那你可以问问自己：“我身体的哪个部位感到紧张？”然后闭上眼睛，找到你感到紧张的部位。可以主要关注肩部、颈部和腹部，因为它们是我们承受压力的常见部位。然后，你可以就自己所产生的感觉进行内部对话，将注意力集中在这种紧张感上。比如，如果你注意到自己的胃在发紧，那就做个深呼吸，并将呼吸引导到发紧的地方，同时默默告诉自己：“我注意到我的胃在发紧了。”这种“成为见证者”的冥想方式很容易使用，它能够使我们承认所产生的感受，并对其贴上标签，而不仅仅是识别它们，然后进行受害者式的诉说。

共情者乘坐公共交通时可用的冥想技巧

许多城市居民的出行都要依靠公共交通。任何一个共情者在望眼欲穿的公共汽车或火车到来后都面临一个艰难的抉择：要么挤进满是陌生人的车厢中（这些人中通常有通勤者、精力充沛的学生、坐在那里叉开双腿占好几个座位的人，还有专门在车厢表演才艺的人），要么就迟到。如果选择前者，那就不得不面对如此超负荷的感官刺激，此时共情者可以使用防备性和阻拦性的肢体语言来表明自己不想交谈。但是，这种不喜交际的策略又会给人留下一个拒人于千里之外的印象，从而使自己产生不适和内疚感。此外，拥挤的空间还可能会触发我们的战斗 – 逃跑或僵直反应，导致上下班这样一件简单的日常事务简直成了每天都要进行的战斗。

虽然你无法控制通勤过程中的情况，但你却能降低这种体验的强度，以避免在新的一天开始时就精疲力竭。当你在一个密闭空间中与陌生人近距离接触时，你就会产生一种强烈的漂浮感，感觉脱离了自己的身体，从而变得习得性无助。但实际上，即使是在拥挤的地方，你也可以与自己的身体维持一体，并实现自我保护，维持界限感。

在本章开头“如何在早晚高峰的公共交通上‘活下来’”一节所介绍的“感受你的双手”练习中，我们致力于整合你的左右脑。在此我们将继续使用这一冥想方法，从头到脚整合你的精神与身体。首先，将注意力集中在你的呼吸上。如果环境中有难闻的气味，那就不必做深呼吸，只需将注意力集中在呼吸上就好。然后，将注意力集中在你的双脚上，好好感受一下双脚。袜子贴在皮肤上的感觉是怎样的呢？脚下的地板呢？鞋子踩在地上的感觉如何？你的脚上有成千上万个神经末梢，所以很容易就能产生各种感觉。在呼吸的同时，在你的内心为从脚到头的感觉建立起一条通道，让这种感觉从脚开始，一直延伸到你的头部。这种能量从脚到头的流动能够使你在通勤过程中保持踏实感，让你与自己的身体保持一体。

共情小贴士

身体型共情者（橙色）：作为身体型共情者的最大好处在于，可以分辨出自己何时不在别人的警戒范围内。

如果你在中转性场所不想与陌生人交流，可以找一个摆出不想聊天的封闭式肢体语言的人，然后摆出同样的姿势。你可以模仿他们的坐姿与上半身的姿势，或者直接坐在他们旁边的位置，这样你们就都可以享受这种不用交流的状态了。

环境型共情者（棕色）：旅行可谓是环境型共情者所拥有的、能够在头脑中对繁杂空间中所有的信息进行大范围抓拍的唯一机会，同时进行冥想练习以培养“成为见证者”的觉察能力。

首先，将注意力集中在现场声音的各个层面，从而在心理上将自己与环境分隔开来。旁边有人在接打电话，有人在打开快餐的外包装，还有头顶上的广播声，这些不同的声音刺激都可能会使你烦恼，使你这个情绪性的身体崩溃。为了调节情绪、保持平静，你需要在心情平和的时候注意这些声音是如何交融在一起，从而创造出其自身的和谐的。

能量型共情者（黄色）：对于能量型共情者

来说，旅行就像中转性场所和感官能力大大提升后的湍流乱局一样，使人精神恍惚。

要想保持情绪稳定，重要的是掌握并通过一套经过实践检验的方法来真实反映出环境中的能量。提前识别出什么会对你有用。你的工具箱可以包括快速冥想、你最喜欢的音乐播放列表，以及写日记。事先做好计划，这样你就可以带上你的自我安抚工具，随用随取。

共情工具箱

共情者就像磁铁一样，能吸引坐在旁边健谈的人，使他们迫不及待地讲述自己的人生故事。如果此时你没有心情倾听，那这种情况不仅会使你情绪低落，还会使你失去宝贵的阅读或享受宁静的时间。虽然保持一定的灵活性很重要，但也要注意满足自己的需求。那么，如何才能明确地结束闲聊而又不产生消极后果呢？答案是可以使用一些社交技巧，例如“寒暄”。寒暄是一种社交行为，其重点是相互问候，而不在于说了什么。这是大多数人都很熟悉的简短对话，有开头，有中间，也有结尾，包括“你好”“最近怎样”“祝你今天愉快”之类的问候与告别语。当你打算结束谈话的时候，你可以拿起书，或者戴上你的薰衣草眼罩，那样对方就会明白你的意图了。注意，要确保你的肢体语言不是开放性的，例如，你的身体不是朝向说话者。可以说一些外交辞令，如“我很喜欢坐飞机去旅行，因为既可以遇到一些很酷的人，也可以看自己喜欢的书”。然后打开书，你就可以尽情享受阅读的乐趣了。

第 4 章

面对复杂的职场环境，高敏感人士如何顺利“闯关”

如何应对职场生活与办公室政治

我们人生的大部分时间都花在工作与建立工作关系上。因此，如何界定自己的工作就变得非常重要。工作是你为了薪水而做的事情，职业是你用自己积累的技能逐步建立起来的，但事业却能将激情、情感、目标与工作联系起来，以创造价值与意义。对共情者而言，做有意义的事情很重要。当我们找到自己喜欢做的事情时，我们的创造力与情感技能就会被调动起来。我们在意工作场所的情绪氛围，是因为它会对我们的生产力、满意度和成就感产生巨大的影响。

与以往相比，现在的办公室设计，比如开放式的办公室、公用办公桌以及多功能工作区，会对工作效率产生重大影响。虽然某些性格的人喜欢这种工作环境，但其对共情者而言却是一个巨大挑战(尤其是内向型共情者)。开放式空间是为了促进员工的参与度，激发其创造力，但这可能会以牺牲精神的专注为代价。对内向者和共情者来说，嘈杂的工作环境、同事间的玩笑和各种轻快的音乐都不是他们所喜欢的。持续的嗡嗡声、同事走动产生的声音，以及各种背景音乐，都会使共情者心神不宁。对共情者来说，开放式工作场所的喧闹声会使他们的注意力无法集中，从而降低他们的工作效率。不断出现的干扰会妨碍他们进行专注性思考和解决复杂问题。相反，良好的工作环境却可以打开其创造性的大门。如果我们的注意力不断被打断，那我们就必须使用宝贵的、有限的心理资源来恢复它们。

现代工作场所也是我们进行社交和建立社会关系的核心。我们会与同事产生工作之外的联结。当他们想聊天时，通常都会去找共情者。他们能够察觉到我们善于倾听，虽然我们关心他们，但他们所带来的情绪会使本来就刺激过载的办公室环境雪上加霜。

对共情者来说，要在一个喧闹、充满复杂办公室政治的工作环境中生存下来是很吃力的。如果你是一个高敏感的人，那你很可能也是一个回避冲突的人，这会使你很难说出自己的需求。那么，怎样才能既不被办公室政治榨干，又能满足自己的需求、顺利度过每天的八小时呢？首先，把自己的需求写下来，然后在头脑中想象自己说出需求时的景象。如果你在想象过程中产生了担心或恐惧，那你可以在脑海中描绘一个说出自己需求时的理想画面。通过循环“播放”这个场景，你就创建出了一个心理模型。这样一来，一旦你意识到自己在担心，这个能够解决担心的心理模型就会成为你可依靠的资源。在你向上司提出自己的需求之前（比如你想要一个更安静、更私密的工作空间），你可能会产生一些情绪上的不适。那么，允许这种不适出现，与它同在而不是试图克服它，然后分步骤提出你的要求。千万别指望你的老板能解决你的麻烦，你需要提出一个愿景和可能的解决方案，并解释一个安静的工作场所如何能使你更好地为公司服务。

做报告时没人听、突然忘词该怎么办

聪明的共情者在做报告之前就知道，要想做一场精彩的报告，就必须在准备和报告过程中考虑听众的情绪。遗憾的是，人们在听报告的过程中经常会心不在焉，做一些无关的事情，这对于辛苦准备了报告的你来说，是一件很难接受的事情。了解自己是左脑还是右脑占主导地位可能帮助你综合利用左右脑的优势来吸引听众。左脑主导型的人注重事实、数据、细节与逻辑，而右脑主导型的人则更富创造性、擅长直觉。整合左右脑的功能是共情者的理想选择。

在做报告的过程中，你的左脑专注于阐释所讲内容背后的构想、数据与细节，而你的右脑则在关注会议室中的能量、情绪氛围，以及同事们的表情。如果你选择去处理情绪信息，那你感知情绪的能力就可能会导致你的注意力不再集中在报告上。如果你在做报告时发现同事们在私下交流，那你的战斗–逃跑或僵直反应就可能会被激发出来，从而使你的大脑一片空白。如果出现这种情况，不要惊慌。深呼吸，然后去感受你的双脚，按照第 3 章中提到的“感受你的双手”练习那样去做。如果做报告的时候忘词了，无法蒙混过关，同样别慌。记住，这不是世界末日。你可以停下来看看笔记，然后继续讲下去。要知道，你没有必要做到十全十美。

善后护理是对报告过程中所发生的事件和所产生的情绪进行处理的一项重要工作，也是让你获得幸福感的有效方法。即使报告过程很顺利，你仍然可能会觉得自己受到了过量的刺激，需要时间来消化。你可以把善后护理工作列入你当天的日程表中，让自己坐下来、喝杯水，同时让各种念头随意出现在你的脑海中；或是散散步，为你的思考过程增添些活力。

如何应对同事之间的应酬

千万不要把欢乐时光（happy hour）[①]误认为真正欢乐的时光，职场中的欢乐时光是同事之间进行交流的一种方式。如果你是一个高敏感的共情者，那么在欢乐时光中，几乎所有事情都可能会引发你的负面情绪——从你点了什么，到你喝了多少，再到喝完后的所作所为。有时，人们可能会因为你不

① 酒吧的减价时段。——译者注

喝酒而对你抱有成见，当然，这取决于你所在地区或公司的文化。对很多人来说，喝酒往往会引发羞耻和内疚感。所以一旦酒局开始，你就可能会感受到自己或同事们的局促不安。因此，很有必要制订一个办公室的欢乐时光方案，以便你不会被自己的情绪或吸收到的同事的情绪所淹没。

有些人能够轻松自如地进行社交，但对于共情者来说，这却是一种奢侈，因为这会使他们暴露在情绪刺激中。社会等级是很复杂的，尤其是需要应酬时，这需要你灵活应对、见招拆招。因此很有必要给自己建立一个情绪和身体上的安全基准线。例如，和同事一起喝酒放松有多安全？在那种环境下谁才值得信任？喝酒会使你的感觉包括直觉变得迟钝，从而导致你对社交安全的评估变得不那么准确。

闲聊对共情者来说是很耗电的，因为这种沟通的层次很浅，但又需要你去感受别人可能隐藏的真实情感；相反，深层次的对话能够激发起他们的兴趣，因为这种对话基于人与人之间的真正关系和真实情感。我们通常会在聚会结束时聊一些我们将反复回味的事情。为了熬过聚会中的闲聊环节，你可以试试下面这些简单易行的策略，以保护你的能量与幸福感。

首先，找出能量吸血鬼并避开他们。记住，能量吸血鬼是指那些不对调节自己的情绪负责，而是依赖别人来帮助他们的人。他们很容易会被发现，特别是在大家喝了酒而你又是一个能量型或直觉型、情绪型共情者的情况下。在这种情况下，你可以去找找是否有人在扎堆聊天，而且聊的主题是关于一些摇滚明星的，有的话就加入他们，因为那里会有足够的八卦故事够你们聊。当然，你还要有退出计划，这样就不至于被某个微醺的同事逼得走投无路，将你这个善于聆听的人当作情绪垃圾桶。

如果你有合适的方法和同伴的话，那社交场合就不一定会令身为共情者的你无法招架了。你可以找找房间中是否还有其他内向者或共情者，然后和他们聊天。在聊天的时候，最好问一些你确实不知道答案的开放式问题，而不是那些只需要简单回答“是”或“否”的封闭式问题。结束谈话也要得体，去洗手间是一种大家都能接受的方式。离开时，记得对一些人说再见，并准备到家用的情绪处理计划。你可以听一些舒缓性的音乐，或做做伸展运动、洗个澡、冥想、看自己喜欢的书……总之，让自己放松一下，轻松地度过这个夜晚。

共情小贴士

植物型共情者（绿色）：除非你在户外工作，否则作为一名植物型共情者，你很难拥有理想的工作环境。

有些办公室的设计融入了自然元素，把对自然生物的热爱融入了办公区。即使你的办公桌或办公室接触不到自然光线也没有关系，你可以在桌子上摆放一些绿植或木头、软木，以及石头等自然材质做成的物件，从而增加自然元素。人造植物或大自然的照片也有抚慰人心的作用，能够让你感受到踏实。

审美型共情者（粉色）：审美型共情者在美好的地方才能健康发展。

你喜欢建筑与设计，喜欢流动的空间，并且注重细节。如果你的办公室没有任何设计感，或只是一个乏味的小隔间，那你就自己创造一个小空间，从而让自己的感官可以享受片刻的美好。好好整理一下办公桌最上面的抽屉，在里面放一些能触发你五感的东西。手头备一些薰衣草、玫瑰天竺葵或玫瑰鼠尾草精油，时不时闻一下，让自己放松放松。抽屉里记得放一本可以随手翻阅的精美画册，以及一块可以随手把玩的光滑圆石，它们都能起到自我安抚的作用。最后记得保持抽屉清洁，并定期更换里面的东西。

直觉型共情者（紫色）：直觉型共情者擅长察觉他人的无意识情绪。

人们可能会认为你在了解人方面拥有某种神奇的天赋，但实际上你只是擅长察觉别人的情绪，哪怕这些情绪连他们自己都没有意识到。但并不是所有人都喜欢这种同频。如果人们发现你察觉到了他们不想表达的东西，他们就会觉得自己过度暴露了。记住，要敬畏你的感知力，谨慎、有意识地使用它。如果你产生了消极感受，可以放松一下肩膀，悠闲的姿势和平静的面部表情可以使你的身体平静下来。

共情工具箱

不真实是共情者能够迅速察觉到的事情。真实的人言行一致，不真实的人常常说一套做一套，自相矛盾。“煤气灯操纵”（Gaslighting）[①] 就常用在某

① 《煤气灯下》(*Gaslight*) 是 1944 年上映的美国惊悚电影，讲述了钢琴师安东为了得到宝拉继承自姑妈的钻石和大笔财产，一面把自己伪装成潇洒而体贴的丈夫，一面又企图用心理战术把宝拉逼疯的故事。在心理学中主要指一种心理操纵方式，操纵者将虚假信息呈现给受害者，意图使受害者怀疑自己对事实的理解、记忆或观点。——译者注

人试图说服你相信某件事是真的，而你又知道它为假时，或者相反。煤气灯操纵的目的是动摇你的思想，以获得权力与控制。毫无疑问，这些心理把戏是自恋者所具有的一种危险毒性。共情者特别容易成为这种虐待形式的受害者。因此，你需要学会识别煤气灯操纵，以确保它不会发生在你身上。一旦你遭遇这种情况，你就会感到困惑，并自我怀疑。在这种情况下，记得马上对出现的念头进行内部受害者叙事，然后花点时间写下当煤气灯操纵发生时，你所注意到的任何行为模式。这种方法能够使你对真相保持清醒。你可能无法改变这种境况，但可以充分觉察出这些警告信号，从而最大限度地降低煤气灯操纵的负面影响。

第 5 章

人潮汹涌，高敏感人士如何做到淡定自如

如何应对排队购物、结账的烦恼

去超市对共情者来说是一种充满刺激的感官体验。新鲜农产品的诱人色泽、面包店中热气腾腾的面包散发出的喷香、走道两旁的所有商品都能为你下一顿的佳肴提供创意。然而，去超市通常只是我们日常生活中的一件琐事——大多数人都想尽快买到自己所需的东西，然后赶紧回家。

身处拥挤的公共场所中，共情者需要处理自己经常感受到的三种核心情绪：不耐烦、特权感与不知所措。多了解一下这些情绪是有好处的，可以使你更好地处理它们。不耐烦是特权感的一种表现形式，它源自这样一种信念：你有更重要的事情要做，而其他人的行为妨碍了你。这是一种典型的受害者心理，表达的信息是别人的需求没有你的重要。特权感是一种普遍的信念，认为自己理所当然地应该拥有某些东西。不知所措是指由于暴露在过多的刺激下而变得不再敏感的状态，即脱敏反应。这既可能发生在当下，也可能出现在遥远的将来。个体以往经历过的创伤性事件，可能会导致他们产生不知所措的反应。此外，当情绪被触发时，比如环境中突然出现巨响，或遇到压力事件，如在拥挤的地方撞到了人时，共情者也可能会不知所措。共情者需要清楚地了解，只要他们去公共场所，就有可能会遇到这些状况。对付不知所措最简单的方法就是深呼吸，同时密切注意这一过程中感觉的起伏，尤其注意自己的不适水平，以及自己是否出现了战斗 – 逃跑或僵直反应。

对于共情者来说，一旦接触了那些特权感泛滥的人，又没有小心处理的话，就很可能会破坏自己的心情。特权感是极易传染的，而要解决这种感受残留的方法并不是一味地抱怨说那个人错了或他是个混蛋，而是要进行感恩练习。当你在商店排队时，如果感觉身后有人不耐烦，那你很容易就会慌乱且不知所措，这个人的样子也会马上占据你的大脑。这时，把感恩当作你的关键工具，可以帮助你避开头脑中正上演的这出大戏所带来的消极影响。

要处理购物过程中的不耐烦、不知所措与特权感，你要先从内心深处意识到自己无法控制别人的行为。正如坏心情会传染一样，好心情也会传染。在触发事件发生时，你要承认自己正在吸收周围人的感受。你可以环顾四周，注意眼前的繁华世界。你可以感激自己能够轻易获得的新鲜食物，或感激自己将要与重要的人分享美味佳肴；你也可以感激那些辛勤工作的员工，是他们让这家美好的店铺能够在你的社区中存在；你也可以因自己拥有各种各样的食物可供选择而心存感激。作为一名高情商的共情者，你懂得如何获得想要的积极情绪。改善他人的情绪或成为他们的情绪劳工并非你的职责，但你却可以运用你那用以保持身心健康的百宝箱，以平静和感激的态度去处理那些痛苦的感受。

在拥挤的餐馆与咖啡店尽量不待那么久

对大多数人来说，外出就餐都是一个放松、享受美食，或与朋友相聚的机会。而这对共情者来说却是一种夹杂着欢乐与刺激过载的体验。当一个环境型共情者进入餐厅时，他们会注意到餐厅的装饰、人们的穿着、房间中的嘈杂和人流；他们也会注意到人们对待服务生等工作人员的方式。音乐的吵闹、客人的喧闹，以及餐具的叮当作响，都会使他们的感官不堪重负。餐厅的传声系统，从高高的天花板，到大理石地板以及开放式的空间，给共情者创造了一场完美的感官风暴，给他们带来了极为猛烈的过度刺激。有些人可能非常喜欢这种热闹以及如此多的能量流。但对于一个高敏感的审美型共情者来说，精致的餐厅和美味的食物可能会令他们兴奋，从而使其能够忍受就餐过程中的喧闹。虽然通常来说，不离开那种环境，你几乎注意不到刺激过载的影响，但你一回到家就会发现自己有多疲惫。为了在“灾后”幸存下来，你需要一个处理这些体验的计划。

在餐厅用餐通常会让人感到愉悦，但同时也会让你的感官受到超负荷的刺激。也许你喜欢与所爱的人一起进餐，或欣赏人们看到食物时的表情，但你仍然会为背景音乐的喧闹而感到心烦。你无法准确预知自己将会有什么样的用餐体验（尤其是当你从未来过该餐厅时）。你很可能既有积极体验，又会产生消极感受。关键是不要让情绪上的不适妨碍你的社交活动。不要因为音量大或其他不愉快的刺激而不愿参与有益、有趣的社交生活，从而变成一个居家隐士。

在去餐厅或热闹的咖啡店之前，你应该先大致了解一下这个地方。如果你知道那里的环境特别嘈杂，就限制自己待在那里的时间，比如只小酌一杯而不是大吃一顿，或者点一杯咖啡带走，抑或使用耳塞（似乎还不至于）。不管怎样，你可以在包里备上一副耳塞，以便必要时使用。戴耳塞实际上会使人们在嘈杂的地方更容易听到别人的声音，因为它减少了背景噪音。最后，在你到家后，至少需要做半小时的善后护理工作。强烈的感官刺激会使你的身体兴奋、使你的感觉麻木，这时最好洗个澡，让自己从嘈杂的夜晚中恢复过来。

如何应对大型购物中心的刺激过载

通常而言，对共情者来说，去购物中心购物都会遇到很多挑战。其中包括在拥挤的停车场里穿梭、在喧闹的人群中走动，以及不断地对那些长时间忙碌的工作人员产生共情。如果购物中心很大，多家大型商场楼挨楼，那他们还可能会迷路、晕头转向，从而变得沮丧。共情者在这种环境中往往会不知所措，高敏感的共情者甚至会仓皇逃回车上。对一些人而言，高能量场所是很刺激的，但对另一些人而言，这种濒临崩溃的感觉却可能会导致他们冲动购物。

由于需要不断地处理情绪并进行自我安抚，那些被多巴胺驱动的行为很容易对共情者产生影响。与赌博、玩电子游戏或看电视等由奖赏驱动的行为一样，购物也会诱发大脑分泌一种使人感到快乐的化学物质——多巴胺，进而刺激你继续购物。例如，你打算去买一支口红，你选好并付了钱，那这一体验所诱发的多巴胺就会让你感到很满足，之后你可能就会不顾预算或实际需要而继续购物，以渴望再次拥有这种感觉。与所有美好的事物一样，被多巴胺驱动的行为也会使人上瘾，所以共情者以及其他容易感觉过载的人就需要掌握一些技巧来确保自己不会过度消费。

若不想让购物成为自己的困扰，共情者最好事先做好计划。在进门前就列好购物清单，然后照单购物即可。由于过量刺激很可能会使你变得迟钝，因此最好在进门之前就想好打算花多少钱。花一些时间进行“中场休息”，以便你不会在进店前就感到疲惫。许多不错的百货公司都设有休息室，通常是在靠近盥洗室的地方，那里有舒适的座椅，如果你想避开人群休息一下，可以考虑去那里。

如何平衡在医院里的担忧与悲伤

医院是强烈情绪的温床——病房、无菌室、候诊室中混杂着恐惧、喜悦、解脱、绝望、脆弱与麻木等各种情绪。它是一个兼具出生、死亡、解脱与悲伤的中转性场所。

当强烈的情绪混杂着吱吱啦啦的对讲机声以及异丙醇的气味时，你的感官系统很可能会被触发。这些触发因素可以简单到一个声音、一种气味，但它们却能始终如影随形，引发你产生意想不到的闪回和情绪记忆。

几年前，我去医院看望一位癌症晚期的朋友。在去之前，我就对病房中可能存在的悲痛气氛有了充分的准备。当我到达那里的时候，她的家人都在，他们都想抓住能够和她相处的每一秒。虽然家人的悲痛显而易见，但令我惊讶的是，悲伤中还混杂着一些令人振奋的东西。我那美丽的友人，虽然身体很虚弱，但依然光芒四射。虽然疾病与治疗摧毁了她的身体，但她还是焕发着光彩。那一刻，我想起了她一年前最动人的时刻。我记忆中她言笑晏晏的样子与她即将死亡的现实交融在了一起。我握着她柔软的手，全身心地感受着她的感受。我感受到了她的接纳与平和。尽管诀别很伤感，但由于我感受到了她的情绪，医院就成了让我感受到她真实存在于每一珍贵瞬间的场所。我感到她是在有意让我感受到她的平和，以便我在日后为她难过时，可以回忆起触摸她的瞬间，回想起她的感受。即使在最困难、最难言的时刻，我们的共情能力也是一种天赋、本能。

共情的美妙之处在于，它通过接纳而不是逃避来让你感受到不同种类、不同强度的情绪。人们总会有心力交瘁、情绪低落、筋疲力尽的时候，如果你不能在关键时刻开放而灵活地对待情绪，那你将只会畏惧悲伤、错负韶光。其中的技巧就在于你需要了解怎么去处理这些感受，使它们不致淤积。处理情绪并不是去消灭它们或消灭那些触发因素，而是为那些体验赋予新的意义。你的共情天赋能够打动他人，使你的生活变得丰富多彩。

共情小贴士

身体型共情者（橙色）：镜像触觉联觉（mirror-touch synesthesia）是一种罕见情况，指人们仅仅是观察到触摸，就能在自己身上体验到触摸的物理感受。

镜像触觉联觉在人群中发生的概率大约为2%。如果你是身体型共情者，那你很可能会遇到这种情况。身体型共情者对他人的感觉有着敏锐的觉察力。当你感觉快要崩溃时，比如在医院候诊室中，可以通过对身体进行扫描来让自己冷静下来。你可以闭上眼睛，然后从脚开始，一直向上，用感觉去检查一下全身，直到头顶。

植物型共情者（绿色）：花语是一种通过花朵来传达隐秘情感信息的方法。

花语在 19 世纪很流行，因为那个时代不鼓励人们用语言来表达情感。对植物型共情者而言，花语是一种有意义且有趣的处理与表达情绪的方式。此外，了解每种花的象征意义，以及各种颜色所代表的含义也将有助于你更好地欣赏艺术与文学作品。当你在喧闹、刺激过多的场所中濒临崩溃时，就可以采用这种极富创造性的方法来处理情绪。

环境型共情者（棕色）：环境型共情者非常善于察觉房间内的气氛。

如果你感受到了敌意或冷淡的对待，你会怎么做？可以尝试一下下面的步骤。首先，保持好奇心。对人真正地保持好奇心是一个好的开始，同时控制好自己内心那种想马上教育或控制人的冲动。其次，保持灵活与开放的心态。不抱任何主观期望，并对所发生之事保持灵活性。最后，保持接纳之心。当人们原以为对方会表现得粗鲁与不友好，结果却发现对方很礼貌、很热情时，他们常常会很惊讶。当然，接纳并不代表你一定要认同他人。

共情工具箱

迪士尼乐园与车管所的能量明显不同。每个排队等着玩加勒比海盗船的人都比等待补办遗失驾照的人更紧张。这其中的关键就在于我们看待事情的视角。在迪士尼乐园，你等待的是愉快的体验；而在车管所，你只是在执行一个法律程序而已。因此，一旦置身于类似车管所的环境，记得将注意力放在可能使你感到愉悦的积极方面，而非让你感到不适的消极方面。这样一来，你就拥有了保持平静的能力，以及一个积极的面对生活的视角。

第 6 章

内心戏太多，如何与家人、邻里和平相处

了解自己的依恋风格有助于维持亲密关系

丹尼尔 · J. 西格尔（Daniel J. Siegel）博士在他的《第七感：心理、大脑与人际关系的新观念》（*Mindsight: The New Science of Personal Transformation*）一书中，深入探讨了我们对身边人产生依恋的方式。西格尔认为，作为一个高敏感的人或共情者，你的主要人际关系会对你的情绪健康产生巨大影响。他认为恋爱关系建立的基础就在于好奇心、开放性与接纳三个方面。而你在关系中是否具备这几方面的品质，源于你童年时期与照顾者之间的关系。当你感到难过时，照顾者是否、何时以及如何去抚慰你，塑造了你对他们的依恋模式以及你的应对能力，进而促使你形成了自己的依恋风格。

依恋风格有以下四种。

- **焦虑/痴迷型**（anxious/preoccupied attachment）：你渴望获得情感上的亲密，以至于你极度依赖伴侣的认可，而这会使你怀疑自己的价值。
- **回避/疏离型**（dismissive/avoidant attachment）：你将压抑与掩藏自己的感情作为防御机制，表现得在情感上很独立；你不想与别人建立关系，因为你害怕被拒绝。
- **混乱型**（disorganized attachment）：对于情感上

的亲密，你既渴望又害怕；你不确定对方跟你在一起的意图，你的低自尊会影响你感知伴侣爱的表现，使你觉得这些表现不足为信或不够有力。

- **安全型**（secure attachment）：在与他人相处时，你既热情，又自信；不管是与他人亲密接触还是独处，你都觉得很舒服；你既能享受关系中的亲密，又能享受独处。

当人们与不同于自己依恋风格的人建立关系时，就会出现冲突。了解自己以及伴侣的依恋风格有助于你理解为什么你们会陷入重复的情感冲突模式。一段有太多冲突的亲密关系可能会给共情者的情绪健康带来损害，即使这种冲突的强度并不大。因此，你的主要关系决定了你大多数时候的心情。伴侣是你与之分享情感、给予和接受情感支持、帮助彼此调节情绪的人，而关系是两个人需求的协商与融合。认识并尊重自己与伴侣的需求是一个持续的、不断波动的过程。

你可以在与伴侣之间没有发生冲突时进行一次对话，从而了解你们是如何给予和接受爱的。然后利用对自身依恋风格的了解来练习对自己和伴侣的好奇心、开放性以及接纳。

如何在养育孩子时避免情绪失控

孩子是家庭的一分子，有着自己的情感需求，以及自己给予和接受爱的方式。他们能够给家庭带来生机和活力，当然，有时还有吵闹。作为家长或监护人，你有时会觉得自己能够掌控一切，但更多时候却感觉如履薄冰。作为一名共情者，不论你的孩子是快乐、愤怒还是遭受了挫折，你都能敏锐地察觉到他们的情绪。除此之外，你还要工作、照顾家庭，再加上睡眠不足，如果你无法让自己迅速恢复的话，就很容易觉得精疲力竭。孩子们的情感发展是分阶段的，而这也决定了他们在家中能否感觉到安全，决定了照顾者能否帮助他们发展与满足情感需求。那些没有得到有效解决的情感问题会从父母身上转移到子女身上，即出现所谓的涓滴效应（trickle-down effect）①。

作为共情者，我们可以去思考自身的需求与依

---

① 又译为渗漏效应，是指在经济发展过程中并不给贫困阶层、弱势群体或贫困地区特别优待，而是由优先发展起来的群体或地区通过消费、就业等方面惠及贫困阶层或地区，带动其发展与富裕；在此意指父母的情绪问题与情绪处理模式会扩散到子女身上。——译者注

恋风格，并将这方面的经验与领悟告诉孩子。前面所说的与伴侣建立亲密关系的三大基石——好奇心、开放性与接纳，同样也是与孩子建立亲密感情的关键。你的共情天赋，以及你对孩子情绪的强大感知力，导致压力与冲突对你的影响更为强烈。没有人是完美的。不管你的初衷如何，你都可能会有情绪失控的时候。但是，如果你能时常反思自己对他人的依恋模式，时刻注意那些妨碍你们关系发展的因素，并不断练习好奇心、开放性与接纳，那么你就能够为你的孩子和你的家庭构筑情感健康的基石。记住，你没有必要追求完美。

如何在大家族中照顾好自己的情绪

大家庭难免会出现冲突，而这就会引发一些负面情绪。这种时候，共情者往往会充当冲突双方的情感桥梁。家庭聚会常常达不到我们的期望，从而导致我们产生各种想法，甚至是失望或怨恨。我们会把从亲人身上学到的东西连同依恋风格，带入每一次的家庭聚会中，但我们所能做的就是努力培养我们的爱心、喜悦与接纳，尤其是在面对那些我们总是不能融洽相处的人时。

一大家子围坐在一起，难免会出现大的意见分歧，而这些分歧又会因之前未解决的矛盾或情感创伤变得更具杀伤性。家庭中隐藏的嫌隙与敌意常常没有得到有效的解决，甚至都没有被明确表达出来。心存怨恨的家人会用节日般的笑容伪装自己，但他们的真正感受却会不自觉地流露出来。敌意与怨恨常常会以刻薄的评价与唱反调的形式表现出来。要捋顺一大家子复杂的情感纠缠，需要花费相当多的时间和精力，而这一工作常常会落在家庭中最灵活和最善解人意的人肩上——对，就是你这个共情者。

对共情者来说，在一个功能失调的家庭中保持界限感是很难的，因此与自己的情绪或自己所说的话保持一致是很重要的。那些被动的家庭成员只会寄希望于他人来解决情感上的问题，但维持现状的压力常常会变得令人难以承受，尤其是当家庭功能失调是由那些隐藏的情感冲突所致时。有些人倾向于用少说话或不说话来解决家庭冲突。但通常来说，这些人正是我们希望去改变的，因为他们缺乏改变自身的能力。尽管这对你来说很难，但接纳这些缺乏情感技能的亲人对你获得幸福来说至关重要。因此，如果你没有机会表达自己的感受，无法尽情地倾诉，那就坦然接受现状、承认自己的感受吧。

为了避免自己受到亲人间互动所引发情绪的影响，你需要重构你对家庭叙事（family narrative）的看法。家庭叙事中那些令人痛苦的方面必然会出现吗？打开你的日记本，写下它们是如何渐渐出现的。然后，试着从更广阔的视角重新组织故事。比如，想到你的妹妹在家庭聚会时总是推托她应承担的责任，你可能会产生嫉妒与怨恨。那你可以这样重新组织这个故事：你对妹妹自愿参与某事的结果持开放态度，你之所以邀请她帮助你筹备聚会，是因为想同她分享这段经历。这种重构能够使你接受那些无法改变的事情，同时承认自己在那种情况下的感受。

如何与爱管闲事的邻居和好邻居和平共处

邻里之间低头不见抬头见，也会因为各种事情而产生矛盾，比如庭院没有打理、狗的叫声太大，等等。只要存在“我们–他们”这两个完全不同的视角，邻里之间就会有对和谐人际关系的需要。要想邻里关系和睦，关键是要保持界限感。我们和左邻右舍共同构成了我们的社区。邻里之间的良好关系会产生非常大的连锁效应，不仅会影响我们所生活的那个小小角落，甚至会影响整个世界——我们对待邻居的方式可能会对全世界人民的健康都产生一定的影响。作为一名共情者，管理邻居的情绪不是你的任务，那是他们自己的责任。但怎样才能区分邻里之间的良性互动与多管闲事呢？怎样才能让自己既不劳神又不烦恼地维持邻里之间的界限呢？

如果一个人能够尊重你的空间与时间，那他就很可能具有良好的界限感；反之，如果你们之间的交往让你感受到了压力，或者你觉得自己很难甚至无法说“不”，那这个人的界限感可能就有问题。此外，如果有人表现得过于自来熟，或者不合时宜地显露出失望之情，那这也是界限感不当的体现。

无论那些缺乏界限感的人是谁，共情者都无法提供足够的空间与之交往。面对喜欢多管闲事或让你感觉不舒服的邻居，你可以通过礼貌、友好但直接的方式与他们来往，从而维持你们之间的界限。除非你的邻居有违法行为需要你去检举，否则你无法对他们做任何事情。因此，接纳是最好的方法。你完全可以按照自己的想法来决定如何与他们打交道。

共情小贴士

动物型共情者（靛蓝色）：宠物能够给予人情感上的安慰，这已经得到了证实。

宠物与我们一样，也能与家庭中的情绪氛围保持同频。你知道给狗狗按摩既可以帮助你自己调节情绪，又能帮它缓解压力吗？作为一个动物型共情者，你可以利用自己的亲和力与动物建立联结。长时间地温柔抚摸狗狗，可以使它们保持平静。为了软化宠物僵硬的组织，你可以轻拍它们的肌肉，但注意千万别拍得太重。抚摩的时候要融入自己的爱心，这样你就可以与这个“世界上最好的朋友”一起享受这极度的放松与依偎之情了。

能量型共情者（黄色）：能量型共情者特别容易被他人的情绪传染，很容易被压垮。

你当然可以采取逃避的策略，但在逃避糟糕的感觉时，你也切断了与良好感觉的联结。你的心情完全取决于你自己。即使某种情绪是别人传染给你的，你也要承认它现在是你的了。你所要做的就是去体验、见证它及其伴随的所有感觉。你需要进入这种感受当中，允许、承认它的存在，并见证它的慢慢消退。你的最终目标不是逃离那些不好的感受，而是通过使用你所学到的应对技巧与策略来提高自己的情绪管理能力，即情商。

审美型共情者（粉色）：审美型共情者通过接触美的事物来维持自己的情绪平衡。

很多人认为视觉美是放纵、轻浮或肤浅的，但事实恰恰相反，这些看法低估了美的价值，没有考虑到美能够焕发人的活力，并会对情绪产生积极影响。我们需要深入进去才能感受、体验到美。如果你因为需要体验美而心怀愧疚，或者别人对美的看法影响了美在你眼中的重要性，那么是时候给自己设置一个界限了。如果你的伴侣无法理解美好的事物是你调节情绪的必需品，那你可以尝试带他一起体验。但如果他对此不感兴趣，那你就接受这个现实，放弃对他的期待，然后独自享受美的体验。

共情工具箱

想象一下这样的场景：你正在家里享受一个宁静的夜晚，突然门铃响了，开门一看是你的邻居，她哭着告诉你她跟她丈夫吵架了。

情况很复杂，并且存在一定的潜在危险。因此，如果你曾被卷入过这样的事情中，请务必谨慎行事；如果你觉得暴力可能升级，请马上拨打报警电话。但如果邻居只是前来寻求安慰，想要一点儿安全空间，那就请她进来坐坐。这种意料之外的强烈情绪对共情者来说可能一下子很难承受。但是，我们并非孤单地生活在这个世界上，共情给予我们最宝贵的礼物就是它让我们有能力去关心自己想关心的人。不过在遇到这样的事情后，共情者需要安排一定的时间来处理情绪。至于需要多长时间来调整感觉过载所引发的情绪，可以根据你所体验到的刺激强度来估计。通常的做法是，轻微的事件只需要5~10分钟的调节时间，而高强度的刺激则需要一个小时。创伤性的事件又有所不同，需要根据创伤的程度以及治疗师的诊断来制定相应的调节策略。

第 7 章

高敏感人士如何在社交媒体上轻松应对

“好友”太多也是件烦心事

对于共情者与高敏感的人来说，社交媒体是导致他们的情绪出现波动的主要原因，特别是在网友很多的情况下。如今，在网上收到陌生人的好友申请非常常见，只需轻轻点击一下就可以接受。由于在社交媒体上有很多熟人，人们很容易就会感到刺激过载——被那些希望通过争议性评论来激起人们情绪的帖子所困扰。对共情者来说，当你沉迷于阅读和评论那些自己几乎不认识的人所发表的情绪性帖子时，社交参与很快就会变成社交枷锁。你可能会感到奇怪，自己怎么会在这个让人感到困惑与空洞的网络关系中投入如此多的感情，以及怎样才能明智且得体地处理好这些负担。

对共情者来说，高质量的人际关系等同于幸福。但当网友取代了线下的关系时，孤独感与社会隔离感便会激增。我们在网上进行的许多浅层次交往会扭曲我们对真正的人际关系的认识。但并非所有的网络社交都不令人满意。一旦你发现有人与你拥有共同的兴趣，并参与你关心的话题，你就能够从网络交往中感受到积极的情绪。

然而，当你无休止地沉迷于浏览那些不认识的人所发表的帖子时，就很难打破这个魔咒了。对社交媒体的浏览会诱使你分泌多巴胺，从而刺激你继续做出这种行为。你会发现自己的意志力与坚毅力并不总是可靠。意志力是一种有限的心理资源，一旦耗尽，只能通过休息来恢复。一旦你在社交媒体上的“批奏折”耗尽了你一整天的意志力，再想从中抽身就会变得非常困难。因此，在你浏览这些页面之前，应该先给自己限定一个时间，并提醒自己还有其他事情要做。

如果你有很多网友，那你必须选择如何花费你的时间，并决定最想和哪些人交往。为了更好地掌控自己的朋友圈和网络社交，你可以问自己以下几个问题，并根据答案制订一个网络社交计划：你最想和谁来往？他们最可能使用哪些社交平台？你最喜欢哪个线上平台？你在该平台的体验值得你花费时间吗？你的亲朋好友对此都有什么看法？哪些平台感觉不错，哪些平台让人崩溃？共情者能够吸收任何人的情绪，包括网络上认识的人。知道自己在网络社交中想要以及需要什么，能帮助你更好地管理自己的朋友圈，收获更有意义的网络社交，从而让生活变得更加丰富多彩。

当老朋友与旧情人突然“找上门”

共情者能够拥有深刻的充满快乐、爱且有意义的友谊。有的友谊始于童年，持续一生；有的则是通过共同的兴趣与价值观，或偶然的相遇而发展起来的。有些朋友来了，有些朋友走了，但他们都给你留下了深深的情感印记。当一位多年不见的老朋友或旧情人在社交媒体上找到你时，你可能会有点不安。有时听到久违朋友的消息是件好事，但有时当过去的朋友想要重新联系你时，那些蛰伏的情感与烦心的怨恨可能又会冒出来。我们是否应该维系一生中所有的友谊？答案很可能是否定的。有些友谊是成长的催化剂，随后就会枯萎。过去，我们可以让那些结束了的关系就停留在过去，但社交媒体改变了这一状况，来自过去的意外冲击切切实实地存在着。

那么如何才能判断自己是否想要和老朋友或旧情人恢复来往呢？首先，在聊天信息中寻找那些能够反映健康界限的线索，比如那些反映了尊重你时间的措辞。接下来，仔细回忆一下你们过去的友谊（或感情），看看其中是否存在互惠的方面。互惠式关系能够让人产生安全感，使双方能够表露自己、分享生活的点点滴滴。相反，如果你觉得有种被迫交往的感觉，或对方对你的时间提出了不恰当的要求，那就是不健康的界限了。摆脱这种关系的最好方法就是与其解除好友关系或将其屏蔽。不过对于共情者来说，真正的问题是怎样去处理这种因联络而引发的不适感。

当你在网上偶遇老朋友或旧情人时，你需要厘清你们过往的关系。你可以把你们之间的故事以及你对当时关系的感受写下来，例如："我觉得有点不安，喉咙与肩膀有点绷紧的感觉。有关她的故事是，在她误以为我偷了她的创意时，她当着其他朋友的面非常严厉地指责我。我感到既生气又愤慨。"清楚描述出这些感受与你们之间的故事，你就让那些潜藏的过往发出了自己的声音，并得到了确认。这样一来，当你再次回想那次偶遇时，你就能够体验到那些过往给你带来的强烈感受；不过，你现在可以对这些感受进行确认，以便对它们进行分析处理，从而降低它们的强度。至于以往关系较好的老朋友或旧情人，你可以试着用好奇、开放且不带任何期望的心态去与他们联系。可以去看看他们在社交媒体上是如何对待别人的，是热情善良，还是在说别人的闲话？当你离开他们的社交媒体页面时，你有什么感觉？做一个快速的全身扫描，你的情感觉察能力会告诉你，在与老朋友或旧情人设定交往范围与界限时，你需要知道些什么。

如何应对有害的信息与评论

网络上到处充斥着有害的对话与负面评论。激烈的讨论会迅速引发强烈的情绪冲突，尤其是当涉及政治、宗教或其他一些敏感话题时。在网络论坛和留言板上发表负面评论时，由于觉得自己是匿名的，人们常常会觉得自己不用承担责任。帖子中如果含有有害的评论，特别是当这些评论针对你时，就会让你感到恐惧、焦虑与担忧。此外，共情者即使只是看到网络上发生的情绪冲突，也可能会体验到当事人的焦虑等负面情绪。如果你没有觉察到这些感受，也不了解它们的触发因素是有害的交流，那你就可能会陷入反应式模式（reactive mode）。

反应式模式是指你由于本能的恐惧或逃避而自动表现出来的行为模式。这是一种由应激激素、肾上腺素和皮质醇所引发的无法控制的反应。与此对应的是响应式模式（responsive mode），代表你的行动是建立在对情境仔细评估的基础上的。尽管仍然存在应激激素的作用，但响应式行为是深思熟虑、有意识的，响应式模式下的个体清楚知道自己的行为会带来什么结果。

为了在网络世界中自由生存，你可以运用冥想技术来培养自己的平和心与响应式行为。当你有意识地强化自己的响应式行为，以消除所面临的威胁时，你的情绪反应就会变得更容易控制，也不会再那么强烈。平和心是一种稳定的心理状态，在这种状态下，就算你遇到了刺激性的事件，也能镇定自若。对共情者来说，即使只是轻微接触那些有害的信息，也可能会遭受持续的影响，尤其是在保持耐心与维持人际界限等方面。为了使自己在可能引起消极感受的网络社交中保持平和心，你需要对自己的意识进行觉察，换句话说，就是对自己的感受进行“有意识的见证”，也就是不带情绪地观察自己。这时，你内心的对话可能是这样的：“我注意到我的肩膀很僵硬，这个帖子让我很愤怒，我还发现我的脖子与下巴有绷紧的感觉。”你并没有沉浸在这种感受中，只是观察到它在那里而已。因为你知道感受就是感受，而你仅仅是一个观察者、见证者。这种方法可以使你后退一步，缓和那些因接触有害信息而产生的情绪。

如何应对网络欺凌者与吸血鬼

此外，网络暴力也频频出现。如今，网络欺凌与恶意攻击比以往任何时候都要多，这带来的后果是灾难性的。2019 年，美国精神病学协会（the American Psychiatric Association）发布了一项研究，揭示了社交媒体上的伤害性言论对青少年自杀的影响。对共情者来说，网络威胁所带来的压力与恐惧几乎与面对面的威胁无异。它们都能让人感受到恐惧与危险，尤其是当针对女性，且带有暴力与性攻击意味时。你可能觉得自己能够避开那些网络上的骚扰，但不可否认的是，无论是在现实生活中还是在网络上，暴力威胁都会产生不良的后果。

迄今为止，社交媒体上的攻击还没有得到较好的管控。我们在面对面的交往中所期待以及所使用的那种社会问责方式并不完全适用于网络。当人们觉得要对自己的言行负责时，他们的行为就会完全不同。但是，当网络欺凌者能够保持匿名时，他们知道自己的恶意言论不会带来任何不良后果。因此，作为一个共情者，你特别容易受到负面情绪与网络欺凌者的攻击。如果有网络欺凌者攻击你，你立马就会感受到伤害，并感到十分恐惧。这时最好的方法就是将此人屏蔽，或进行其他隐私设置，但这些方法并不能让你的内心变得平静。人们常常会低估网络攻击对情绪的影响，觉得网络交往只是虚拟的；然而，尽管那个人并没有站在你的面前，但你的身体却仍然能够感受到威胁，即使这种威胁来自遥远的地方。

共情者可能需要花很长时间才能平复由网络攻击所引发的情绪波动。你可能发现自己好几天后仍然会回想这件事，除非你的恐惧与紧张感得到平息，否则你无法恢复正常生活。

记住，不要让攻击控制你的思想。首先，你可以删除对方给你的评论，而不是回应它。你内心可能非常想要反击对方的刻薄言论，但这样做只会让他们更兴奋，而你更难受。接下来，关上电脑。你可以去散散步，亲近一下大自然，或洗洗碗、洗个澡，或者做其他任何能够让你的感官愉悦的事情。若想获得幸福，最重要的就是与你自己的身体重新建立联结。伸展一下身体或是做做运动都能有效地帮助你摆脱网络攻击的影响。不管怎样，重要的是你要承认并认真对待这种类型的攻击。好好管理自己的社交空间，夺回控制权，确保它始终是你享受时光的地方。

共情小贴士

直觉型共情者（紫色）：虽然共情者能够与网上的信息达到高度同频，但直觉型共情者却极易受到社交媒体中过量刺激的影响。

如果你的感官刺激过载，超过了舒适点，那你就可能会变得麻木，一直泡在网上。你可能会发现自己在不停地浏览网页，不知不觉一个小时就过去了。因此，你最好在登录社交媒体之前就在手机上设置好闹钟，以免陷入那些没完没了的帖子、图片与视频中。

情绪型共情者（红色）：通常来说，情绪型共情者难免会出现情感耗竭。

不管你的界限有多明确，也不管你的情绪处理能力有多强，总会有那么一些时候，你的自我保护策略不足以使你避免情绪疲劳。睡眠和休息至关重要。你可以让自己打个盹，或睡个懒觉，或者周末干脆睡上一整天。如果你对此感到内疚，或觉得自己还有家务要做，不妨承认这些感受，同时温柔地提醒自己，只有休息好了，才能有更好的状态去做这些事。

环境型共情者（棕色）：环境型共情者善于在团队内营造出一种和谐的氛围，因此你可能会经常被邀请主持在线活动，或担任团队管理者。

如果你什么都答应，那就让自己的负担太重了。因此，最好是在感到有压力，或感觉自己是被迫接受某项任务之前，就不让自己陷进去。如果有人给你发邀请邮件，记得千万不要马上就应承。在回应之前，最好花点时间仔细考虑一下自身的情况。

共情工具箱

由于善于理解与体谅别人，共情者往往是朋友们在遇到情绪问题时的求助对象。因此，当你的两个网友发生冲突时，你可能会发现自己被夹在了他们中间。你很清楚他们各自的感受，也知道如果卷入其中或偏袒一方会让自己难以避免地受到这一事件的影响。清晰和直接的沟通是维持健康关系的必要条件。无论是说闲话还是把事情闹大，对共情者来说都是极其有害的。直接一点，鼓励你的朋友把自己的困扰告诉那些让他们难受的人。肯定朋友拥有的感受，并给予他们支持。有时，人们需要的只是倾听。

第 8 章

照顾好自己，
才能活得更自在

大多数人对自我照顾如何增加福祉都只有模糊的认识。就共情者而言，若想获得幸福，就需要对自我照顾有深刻的理解。对共情者来说，自我照顾就是对身体、精神、情感和心灵进行整合的过程。他们的自我照顾所需要的不仅仅是安静的时间、冥想与按摩。总之，你可以将幸福的这四个方面想象成一张桌子的四条腿。只有当它们处于平衡状态时，才能起到坚实的支撑作用。

自我照顾的四大支柱

生理方面：照顾好自己的身体、长期健康、居所环境与安全。你的身体健康与你日常生活的许多方面都息息相关，如睡眠、饮食、锻炼情况，以及居所环境和安全状况。生理自我照顾是一个基础性支柱，也就是说，如果你的饮食、居住与睡眠需求得到了满足，那你的其他需求也能从中受益。最后，生理需求始终存在，而且需要被规律性地满足，才能使你保持最佳的健康状态。

精神方面：护理好自己的心理状态、想法以及自我对话。精神健康需求与情感需求有关，不过它不仅包括情感需求，还包括心理与社会需求。心理需求包括自主性、自我决定权、对自己社交关系质量与社会地位的感知、胜任感以及战胜挑战的能力。社会需求包括爱、友谊、归属感，以及建立亲密关系的能力。

情感方面：关注自己的恐惧、愤怒、爱、焦虑、悲伤、开心等感受。虽然从本质上说，人类需要相互依靠来丰富自己的情感体验，但是没有人能够或应该为我们的情感健康负责。也就是说，情感健康是个体自己的责任。此外，情感需求也会随着生活环境、身体健康状况以及荷尔蒙的变化而出现波动。

心灵方面：维护好自己与生活中那些有意义的事物的关系，比如人际关系、创造性与信仰。心灵关怀与使命感和成就感有关。当你遇到挑战时，如果你去思考这些挑战如何有助于你的成长、从中可以获得什么经验以及你可以怎样与他人分享这些经验，那这些挑战性的经历就可以被重新定义为有意义的事件。

生理方面的自我照顾是基础

你与身体健康的关系是你的精神健康、情感健康与心灵健康的基础。人们对自己身体健康的感觉比较复杂。许多共情者和高敏感的人对自己的身体健康都比较漠然，甚至是冷酷，尤其是在有过创伤经历的情况下。与我们对身体的不断要求相反，对身体的自我照顾需要一种温和、关爱和接纳的方式。为了护理好身体，我们需要做很多事情，如好好吃饭、保证充足的睡眠、加强锻炼。对身体的关怀可以从自我对话开始。你只需观察或见证自己是如何进行自我对话的，就可以改变你与自己身体的关系。要注意你的内心对话是不是评价性的或特别刻薄。为了让自己产生更有爱的自我对话，你愿意接纳自己身体的哪些方面呢？当你护理自己身体的时候，头脑中有没有出现某些过时的观念或想法？你可以用哪些更具爱心的自我对话来代替这些陈旧的观念呢？

生理自我照顾的另一方面是管理好自己的生活环境，并处理好各种杂事。杂乱是潜意识混乱的一种表现，它对共情者是有害的。它表示你有一些拖延的决定、放弃的项目，以及某些存在异常的方面。没人想生活在杂乱无章的环境中，但在我们不堪重负时，这种情况就很容易出现。尽管我们需要通过获得某些东西或做完某件事情来进行自我安抚，但当我们把东西带回家时，我们往往很少考虑把它们放到哪里、如何处理它们，以及它们能够为我们解决什么问题。其结果就是，为了把这些东西整合进我们的生活，我们反而需要做更多的事。希望通过买买买来解决杂乱问题并不明智。

在看到整洁的抽屉或干净的台面时，我们都会产生一种平和的感觉。做家务是一种动式冥想（moving meditation）——静静地感受双手在洗碗的温水中、触摸到干毛巾以及擦拭灯罩灰尘时的感觉。然而，做日常家务与清理杂物完全不同。因为清理杂物会涉及情感因素。你可能会为自己花太多钱购买的一台从未用过的搅拌机或一件从没穿过的漂亮衬衫而感到可惜。你需要决定是扔掉它们还是捐出去，而这可能会让你出现决策疲劳，即一种大脑一片空白的感觉。所以在清理的时候，一定要从小的方面开始，并在整个过程中对自己温和一些。

精神方面的自我照顾在于社交质量而非数量

对精神健康的关怀相当于对身体的锻炼。对共情者来说，这是幸福的重要组成部分。影响精神健康的因素有很多，包括个体承受压力的水平、社交生活与环境状况等。所以，你需要有意识地进行自我照顾，这是保持内心平衡的关键。你需要先识别让自己感到舒适的社交程度。参与太多社交活动可能会使你精疲力竭，而太少又可能会让你觉得孤独。精神自我照顾的关键其实在于社交质量而非数量。当你想与人交流时，可以约几位朋友一起喝杯咖啡。为了保持精神健康，你需要学习如何在社交生活与个人生活之间保持良好的平衡。

情感方面的自我照顾在于及时识别自己情感衰竭的迹象

情绪情感与身体的关系就如同思想与大脑的关系。我们无法控制自己的思想，而只能控制自己与思想的关系；同样，我们也无法控制自己情绪的起伏，但有时却可以选择自己的行为。对共情者来说，若想保持情感健康，就需要进行自我照顾，注意自己的行为和情感之间的平衡。共情者需要识别出情感衰竭的各种迹象，比如急躁、易怒、对什么事都缺乏兴趣、身体疲劳、对日常事务不耐烦，以及缺乏动力。这些迹象表示你大脑中与快乐有关的化学物质，如血清素、催产素、内啡肽和多巴胺的水平较低。这些物质以不同的方式有助于你平衡情绪情感。

血清素：当你处于较高的社会地位，或觉得自己对团队很重要时，就会感受到这种化学物质的作用。血清素水平低使人容易急躁与易怒。

催产素：当你与他人、动物或婴儿交流时，就会体验到这种化学物质的作用，它能够促进信任感的建立。催产素水平低会导致个体缺乏对自己和他人的关爱。

内啡肽：当你感受不到某些生理疼痛时，你就体验到了内啡肽带来的快感，比如锻炼过度或熬夜加班时。内啡肽分泌不足会让人觉得疲劳。

多巴胺：在多巴胺的作用下，你能体验到成功与成就感。当多巴胺水平较低时，你会感到没有动力，做什么都没有兴趣。

为了整合自我照顾的几个方面，你可以安排一些活动来帮助恢复这些耗尽的宝贵资源，比如拥抱你的宠物来恢复催产素的水平、完成某件事情或处理完任务清单来获得多巴胺。

心灵方面的自我照顾在于其带来的意义感

从生活中获得使命感与成就感是人生中特别令人激动的时刻。对心灵进行自我照顾是你的私人事务，能够给你带来意义感。你为自己的挑战性经历赋予意义，也能突出你的使命感。如果共情者的心灵感到疲惫，那他的使命感也会减弱，从而阻碍其创造性的发挥。因此，为了实现心灵自我照顾，你需要补充自己的创造性能量，重新焕发它的生机，同时跳出自我，从更高的层面去进行思考。

如果你是一位音乐家，那就去演奏音乐；如果你是一位艺术家，那就去进行艺术创作。去写作、绘画，或参与其他能够让你产生灵感的事情，如解决问题、帮助他人。投入你的创造性活动，然后沉浸其中，让自己体验到心流状态。

心流状态（flow state）是一种完全沉浸于某项活动的感受，是一种忘我的状态。处于这种状态下的个体完全失去了时间感，也感受不到自己的其他需求。对共情者来说，参与一些能够进入心流状态的活动可以为他们创造意义感和使命感，这是一种进行心灵自我照顾的极好方法。

维持四大支柱的平衡

如果共情者和高敏感的人有很多情绪需要处理，他们就可能会觉得不堪重负，从而忽视幸福的其他支柱。因此，一旦你觉得疲惫，觉得自己的精力快要耗尽或心情开始变得糟糕，就仔细检查一下自我照顾的其他支柱，以便稳住阵脚。为了使你那情绪化的身体保持健康，你需要了解怎样去增强这些支柱，从而更好地生活在这个世界上。

一旦高敏感的人和共情者平衡了他们的四大幸福支柱，就会引发一些不可思议的结果——他们获得了将痛苦与不适的情绪转化成灵感与智慧的能力。自我照顾就是一场英雄之旅。在此过程中，共情者慢慢培养起与自身情感天赋的关系，而不是将其视为洪水猛兽，想方设法摆脱。一个明智而经验丰富的共情者不会再不断追求暂时的愉悦，而是会追求有意义的体验以及平衡的生活。我们需要学会将那些挑战性的情绪转化成情感力量。

共情小贴士

情绪型共情者（红色）：可以尝试正念饮食。

在经典正念冥想练习“品尝葡萄干”中，乔恩·卡巴金（Jon Kabat-Zinn）将正念运用到了对食物的体验上。他把正念定义为“以一种特定的方式，在当下有意识地、不带评判地关注某一事物”。他的冥想方式是，先将三粒葡萄干放入手中，仔细检查它们，观察它们的质地与外观；接下来闻一闻它们，注意它们的气味与自己的预期有何不同；然后把一粒葡萄干放在舌头上，但不要咀嚼，仔细体察这种感觉；

最后慢慢咀嚼，注意体会葡萄干的味道是如何出现的。重复两次前面的步骤，把手上剩下的葡萄干吃完。这个简单的冥想练习可以改变你与食物的关系，并加深你对所吃食物的感知。

身体型共情者（橙色）：可以进行锻炼、身体运动和呼吸练习。

每个人都需要活动自己的身体，身体型共情者尤为如此。即使是如复原瑜伽、太极之类的与呼吸有关的轻柔运动，也可以缓解一天的紧张所带来的不适。做一次动式冥想，将呼吸与运动结合起来，充分调动你的左脑与右脑。即使仅仅运动 10 分钟，也会让你感到放松和有所恢复。

能量型共情者（黄色）：可以洗一个感官仪式浴。

将自己浸泡在水中是最能恢复元气的方法

之一，它可以净化你的身体、心灵，以及那些刺激过载的感官。点上一支蜡烛，轻轻地在太阳穴上抹上一点精油，并在水中放些浴盐与薰衣草。仪式性的沐浴与平时的洗澡完全不同，平时的洗澡你可能是为了清洁身体或放松一下，但仪式性的沐浴目的在于恢复能量、抚慰心灵。

植物型共情者（绿色）：可以在绿地中散步。

在大自然中漫步也是让自己恢复能量的好方法。即使是生活在都市中，你也能够在绿色中散步。植物是随处可见的。人行道的裂缝中会冒出生命力顽强的杂草，还有随处可见的绿化带。散散步，仔细留意路过的各种植物，分辨一下它们的品种。可以带着自己的植物标本照片，然后记录下自己的观察。花点时间在自己每天路过的植物前驻足一会儿，可能会让你获得新的体验。

动物型共情者（靛蓝色）：可以利用动物来激发创造力。

思考一下自己性格中的哪些方面可以用哪些动物来表示，花几分钟时间以这种视角来刻画或描述一下自己。这种自我探索的方法很有趣，能够帮助你了解自己的想象力及潜意识。你需要让思维自由发散，任何出现在脑海中的动物都不要排斥，并将它们写在纸上。

直觉型共情者（紫色）：可以将注意力专注在声音上。

人们的感官始终在从外界获取信息。你可以将注意力集中在某种感觉上，如听觉，同时深呼吸，以便让感官从刺激过载的状态下解脱出来。这是一项很好的户外练习。你可以闭上眼睛，让周围的声音一层一层地浮现出来。留意远处的鸟叫声、树叶的沙沙声，或机器割草的嗡嗡声。通过将注意力集中在一种感官上，你不仅可以磨练这种感官，还可以因整理输入的感官刺激而让内心恢复宁静。

审美型共情者（粉色）：可以通过拼贴艺术来探索潜意识。

把杂志上的图片剪下来，然后在纸上重新组合，这是一种释放未表达的情绪，并给予它一个去处的好方法。颜色、纹理与形状结合在一起表达了那些需要释放的潜意识观念。在剪贴的时候，不要评判，而是让自己自由发挥，想怎么贴就怎么贴。在拼贴好之后，可以在四周画上线将画框起来。过几天再来重新审视你创作的拼贴画，并以全新的眼光进行观察，思考自己的作品到底想表达什么内容。你会惊讶于那些你隐藏起来的想法与感受是如何浮现的。

环境型共情者（棕色）：可以赤脚走在草地或沙滩上。

赤脚走在地上，会让人产生一种自由感。尽管在房间里赤脚无法产生那种脚趾在泥土里扭动的接地气与狂野的感觉，但对于都市人群或寒冷的冬天而言，在户外赤脚并不是一个安全的选择。不过，你可以把手掌按在树上，从而产生类似的接地气的感觉。这种方法可以有效地平复你那过分活跃的思想，并激发你的使命感。

第9章

边界清晰的共情才能让世界更美好

你可能会觉得，自己的共情力量太小，起不了多大作用。但如果你仔细观察一下自己与所关心之人的交往，就会了解自己自我照顾以及关心他人的方式具有怎样的改变性力量。你的共情天赋可谓是增强你所属群体成员的同情心、促进联结的有力工具。你对仁爱的倡导、对人类福祉的关爱也能促进文化的发展。与别人分享自己的情绪体验可能需要一定的勇气，但这样做也会推动围绕情感健康这一话题的对话和行动。

将有意义的日常体验变成提升自己情商的源泉，这将有力地提高你的内在共情能力。对这个世界的情感投入越多，你的情感技能就会越强大，你就越能将感官体验融入幸福之中。通过运用本书中的冥想与感官觉知技术，你能够学会如何在日常生活中建立起安全感。

经常练习你从本书中学到的处理日常情况的方法，将大大提升你的情商水平，即使你的情商已经很高了。若想达到理想的生活状态，你需要设立一个可衡量的目标。以下是设定目标的黄金法则，不仅适用于普通人，也适用于共情者。为了方便记忆，你只需记住一个经典的管理学缩写词——SMART。这个单词的意思是“聪明”，你可以巧记为我们要“聪明”地设置目标。

设立目标的 SMART 原则

S（Specific）= **明确性**：目标的各个方面是否清晰明确？

M（Measurable）= **可衡量性**：能否用数据来评估目标的达成情况？

A（Achievable）= **可实现性**：设置的目标有实现的可能性吗？

R（Relevant/resonant）= **关联性 / 共鸣性**：目标是否与你的生活蓝图有关，能否与你的价值观产生共鸣？

T（Time-bound）= **时限性**：目标有时间限制

吗，比如一天、一周、一个月或一年？

设置目标时，除了要遵循 SMART 原则外，共情者还应考虑以下几个问题：

- 目标能否满足你的自我照顾需求？
- 目标确实是你自己的，而不是别人制定好告知你的吗？
- 设置的目标是否让你感到羞愧或想逃避？如果是，它们能否被重新定义为方法导向的目标？
- 这个目标让你感到兴奋吗？
- 目标是否融合了你内心的渴望与外部世界的现实要求？

如果你是一个感性的共情者，那你要知道一个好的目标需要同时考虑内心世界与外部世界，对内需要考虑自己的内心需求，对外需要务实，考虑目标是否符合逻辑、价值观和信仰，这一点很重要。最好的目标不仅能够与你的愿望和愿景产生共鸣，还能激发你去改变外部环境。你可以将自己的具体目标与你身上那种照顾、同情他人的天性结合起来，以帮助自己和他人成长。将你的目标——不管是长期目标还是近期目标——与你内在和外在的感知能力结合在一起，这不仅能提高你的专注力，还会让你觉得自己的共情天赋不但不会让自己疲惫不堪，反而会让自己充满力量。

在制定目标时，你需要记住目标不同于人生愿景。人生愿景是一系列宽泛的、鼓舞人心的、自我导向的意愿的组合，旨在使你的人生意义更广阔、更深远。那些能够促进你与自己的关系、增强感恩与丰富自我的人生愿景，都是良好的人生路标。你可以将人生愿景看作自己毕生追求的目标，其中包含你所有的可操作性目标。可操作性目标是实现愿景的基石，也是最难拟定的。其实，设定目标的难点之一就是要先弄清楚自己到底想要什么，并把这些愿望用语言表达出来。

下面是一些较好的目标设置例子，它们都符合共情者的特定需求。此外，它们还很好地说明了不同的共情者可能会面临的共同困难。当然，你可以根据自己的具体情况与目的对这些目标进行一定的调整。

如果你是一个时间与精力被别人过度侵占的共情者，那你可以设置一个人际界限目标：首先识别出自己身上最具影响力的共情技能，然后制订一个平衡性方案，以便自己有独处的时间来强化自身的优势。设置一个必要的界限来确保自己的日常生活不受影响，同时向他人说明自己的界限。你可以在日常安排中增加一个每天 30 分钟的活动来恢复情绪，如使用芳香疗法、冥想或做瑜伽，并雷打不动地执行。

如果你是一个以情感麻木为保护策略的共情者，那你可以设置一个情感具身式目标：你可以将与情感麻木有关的任何信息记录在日记本上，包括触发你情感麻木的因素、情感麻木发作的时间点、冥想时扫描身体之后的感受，以及这一过程中内心所有的消极对话。每天记录，连续记录两周。将其中重复的模式详细记录下来，作为下一阶段设置目标时的重要参考。

如果你是一个不堪忍受与他人接触的共情者，那你可以设置一个个人赋能目标：你可以观察并记录自己同陌生人、熟人、朋友和爱人的所有交往模式，以判断自己在不同类型的交往中所产生的情绪是否相同，连续记录一周。然后制订一个计划，用来限制自己与能量吸血鬼的接触，并根据自己的共情类型选择一些可操作性的情绪恢复策略。

如果你是一个感到孤独的共情者，那你可以设置一个情感联结目标：你可以给自己制定一份“人际交往宣言”，在其中突出自己身为共情者的优势，以及你将如何利用这些优势来识别出自己最在意的人。再制订一个计划，其中包含三个能够加深这些关系的活动。最后将这一计划应用到你需要深化的每种关系中，连续进行三周。

人们常常以为，成长会轻轻松松、毫不费力地向前推进。这种观点是不正确的，因为它暗示着一旦你感到沮丧、不耐烦或气馁，就一定是你做错了什么，或者你正在错误的方向上冒险。而事实恰恰相反，成功需要努力与毅力。最终目标都是通过达成一系列阶段性目标来实现的。将这些阶段性目标制成一份清单，有助于你始终走在通往最终目标的道路上。此外，你还要记住，我们必须为自己在意的事情努力。在遇到困难时，我们很可能会感到气馁、丧失信心。这时就休息一下，进行自我照顾，然后再慢慢回到手头的工作上。对某件事感到不适并不一定意味着它就是错的。相反，一旦你愿意承认、接纳这种不适的存在，你的专注力与情感技能就会得到加强。

最后的几点想法

共情者天然地具有疗愈他人心灵及促进他人成长的倾向。他们富有同情心、友爱、善于体察情绪的天赋很容易就会被激发起来，但遗憾的是，很多人并没有给这一天赋装上开关。他人失控和阴晴不定的情绪很容易会影响到他们，使他们的身体中充斥着不得不处理的二手情绪。冥想有助于他们对这些来自他人的情绪进行处理，从而使其共情天赋这一宝贵的品质得以显现并健康发展。

共情是人类最神奇的体验之一。它是共情者毕生拥有的力量，既可以为人与人之间搭建爱的桥梁，也可以作为观察世界的美妙视角。过去，你可能会觉得自己的共情天赋将自己与那些情绪不健康的人联结在了一起，觉得自己有责任去帮助他们。如今你已经了解了自己的共情类型，知道在快要崩溃时应该如何保持专注，知道自己唯一的任务就是关注自己的情感健康。

在你学会灵活运用共情能力来进行自我照顾和设置人际界限之前，对他人的深度共情可能会像一股无法控制的力量向你提出强大的要求，并在未经允许的情况下就占据你的全部身心。在你学会管理与处理情绪的冥想技巧之前，抑郁与焦虑可能会是你对感觉过载的自然反应。然而，一旦你逐步提升自己的情感健康，并走上自我实现的道路，你就能够逐步收复自己的情感领地，并决定谁去谁留。

作为共情者，要想获得情感健康，最重要的就是要持续进行自我照顾。关于自我照顾，有这样一种错误观点：做一天 SPA 或美甲就能够改善心理与情感健康状况（这种方法简单易行，每个人都能轻松做到）。这种观点让人们觉得偶尔的“一次性”行动就能实现自我照顾，从而忽略情感健康的维护实际上是一项毕生工程。

恢复性自我照顾意味着将自己从那些令人疲惫的日常事务中抽身出来。抽点时间看看书或者写写日记，用精神食粮来滋养自己。如果你是一个植物型共情者，那每周去大自然中散散步也许是你的特效药；如果你是一个审美型共情者，那你可能会发现画画这种视觉表达也许是极为有效的自我安抚方法；如果你是一个直觉型共情者，或许盐浴或泡泡浴是你的最爱……无论参与什么活动，关键是随着时间的推移让自己得到平静与舒缓。它们能够帮助你摆脱那些不健康的关系所带来的情绪压力，并带你走向快乐与满足。

支持对实现任何目标都至关重要，无论是情感目标、自我照顾目标还是生理方面的目标。直到成为一名生活教练，我才意识到有那么多人需要真正的支持。我看到有些人陷在那些不属于他们的情感责任中，意识不到身边人制造的戏剧性事件到底意味着什么；他们觉得自己有责任满足别人对他们时间上的不合理要求，因为他们害怕失去这些关系。我看到人们被生活耗尽心力，自己的需求与愿望被他人的情感需求所淹没。有时我甚至觉得，自己可能是他们生活中唯一的支持者。当我鼓励他们采取行动来自我支持时，我发现很多人并不知道这意味着什么，也不知道该怎样去做。

自我支持首先应从审视自我对话开始。自我支持就像一个热情、友善的朋友。这个内心朋友给你的支持就像你对所爱之人的支持一样。我发现，在我指导人们执行挑战性任务或克服自卑时，大多数人在进行消极的自我对话时都会情绪低落。有时，消极的自我对话由一连串习惯性的短语和过去与别人的对话组成，你从未想过要面对或改变它们。还有些时候，它们是一些不支持你的人灌输到你脑海里的尖刻话语。共情者通常是这些消极自我对话，以及当事人与自己亲近之人消极对话的避风港。你现在已经知道，运用学到的冥想技巧可以帮助你区分哪些情绪属于自己，以及如何通过重新组织故事，巧妙地处理这些有害的对话。

我非常珍视自己的共情天赋，珍视自己深刻洞察自己和他人情绪的能力。在接收和经历了大量关于共情的错误信息和困惑后，我逐渐理解了这项品质。许多人认为，共情者具有预知能力。这是在说共情者是通灵大师吗？对这一问题的回答取决于你如何理解通灵。如果你认为通灵大师仅仅是通过与你同频就能预知你未来的生活事件，那你就错了。但是，如果你把通灵大师想象成一个能够与你的肢体语言保持同频，并能反映你的潜意识情感的人，那么或许就可以说共情者是通灵大师。我认为共情是一种高敏感的倾向，随着时间的推移，这种倾向会逐渐转化为一种技能。共情能力是一种天赋，就像一副好嗓子，当你认可它，通过练习去培养它，并用它去演唱动人的歌曲时，它就能够鼓舞人心、促进人与人之间的联结。这本书就是你的乐谱，它能够引导和激励你去寻找自己的共情乐器，并与人分享你那美丽的歌喉。

附录一

共情日记：记录自己的反应

在你设法提升内在共情能力的过程中，你可以将自己的感官反应、想法及目标一一记录下来，这可能会很有用。你可以找一个小本子，记录下自己所有的努力、效果、进展、感悟，以及自己有所顿悟的时刻。一旦你把这些记录下来，那些虚无缥缈的想法就有了具体的形式，你就为自己的个人成长奠定了坚实的基础。记录下你对自己的觉知与洞察将有助于提升你的情感赋能水平，使你能够更好地利用自己的共情天赋，从而更顺畅地继续你的共情之旅。

更深层次的共情：探寻对共情的进一步认识

没有什么事情能比掌控自己的共情能力更美妙的了。对情绪极为敏锐这一天赋的价值之一就在于你将通过学会信任内心的声音而得到高度培养的直觉能力。许多共情者声称自己拥有预知能力，能预知那些影响自己与他人的未来事件，即具有第六感。我认为，通过自己的努力，再加上一点小小的运气，每个人都有权力也有能力塑造自己的未来。

共情者能够与其他生物的情绪感受保持同频，从而似乎能够在一定程度上对他人的未来做出神奇的直觉猜测。然而，由于每个人的行为都是由他自己决定的，而且这些行为会直接影响他们的未来，因此人们的生活轨迹不是由某个人决定的，所有人的生活最终都取决于他们自己。你不可能预测人们所做的每一件事，也无法预测他们的所有选择，所以你不可能真正知道他们将会面临什么。不过，一旦你拥有共情能力，你可能就会陷入一种奇幻思维。奇幻思维对共情者来说有一定的意义，它有助于我们帮助自己和他人认识自我、获得成长以及疗愈创伤。你可以磨砺自己的共情天赋，学会在更深层次上认识自己，进而加深你对他人的理解。我建议你去广泛阅读各种各样的资料，以便增加对各种所谓“超能力”的认识，如千里眼、顺风耳、超感知，了解它们与直觉、预言之间有什么关系。这可能有助于你正确认识自己的共情天赋。

The Happy Empath: A Survival Guide For Highly Sensitive People.

ISBN: 978-1-64152-833-7

First published in English by Rockridge Press,a Callisto Media,Inc. Imprint.

北京阅想时代文化发展有限责任公司为中国人民大学出版社有限公司下属的商业新知事业部，致力于经管类优秀出版物（外版书为主）的策划及出版，主要涉及经济管理、金融、投资理财、心理学、成功励志、生活等出版领域，下设“阅想·商业”“阅想·财富”“阅想·新知”“阅想·心理”“阅想·生活”以及“阅想·人文”等多条产品线，致力于为国内商业人士提供涵盖先进、前沿的管理理念和思想的专业类图书和趋势类图书，同时也为满足商业人士的内心诉求，打造一系列提倡心理和生活健康的心理学图书和生活管理类图书。

《喵得乐：向猫主子讨教生活哲理》

- 没有难过的日子，只有自在的主子……
- 一本带你“吸猫”，从猫咪身上获得力量，促进自身成长的书。

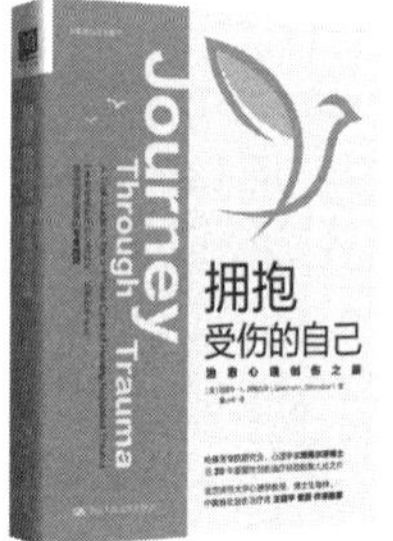

《拥抱受伤的自己：治愈心理创伤之旅》

- 一本助你重新拼起心理碎片，从创伤中走出，重获完整自我的专业指南。
- 哈佛医学院研究员、心理学家施梅尔泽博士近 30 年重复性创伤治疗经验的集大成之作。
- 北京师范大学心理学教授、博士生导师、中国首批创伤治疗师王建平教授作序推荐。

《灯火之下：写给青少年抑郁症患者及家长的自救书》

- 以认知行为疗法、积极心理学等理论为基础，帮助青少年矫正对抑郁症的认知、学会正确调节自身情绪、能够正向面对消极事件或抑郁情绪。
- 12 个自查小测试，尽早发现孩子的抑郁倾向。
- 25 个自助小练习，帮助孩子迅速找到战胜抑郁症的有效方法。

《徐凯文的心理创伤课：冲破内心的至暗时刻》

- 中国心理学会临床心理学注册工作委员会秘书长、北京大学临床心理学博士徐凯文十年磨一剑倾心之作。
- 我们假装一切都好，但事实并非如此。
- 受到伤害不是你的错，但从创伤中走出却是你的责任。

《既爱又恨：走近边缘型人格障碍》

- 一本向公众介绍边缘人格障碍的专业书籍，从理论和实践上都进行了系统的阐述，堪称经典。
- 有助于边缘型人格障碍患者重新回归正常生活，对维护社会安全稳定、建设平安中国具有重要作用。

《战胜抑郁症：写给抑郁症人士及其家人的自救指南》

- 美国职业心理学委员会推荐。
- 一本帮助所有抑郁症人士及徘徊在抑郁症边缘的人士重拾幸福的自救手册。

《折翼的精灵：青少年自伤心理干预与预防》

- 一部被自伤青少年的家长和专业人士誉为“指路明灯”的指导书，正视和倾听孩子无声的呐喊，帮助他们彻底摆脱自伤的阴霾。
- 华中师大江光荣教授、清华大学刘丹教授、北京大学徐凯文教授、华中师大任志洪教授、中国社会工作联合会心理健康工作委员会常务理事张久祥、陕西省儿童心理学会会长周苏鹏倾情推荐。

《原生家庭的羁绊：用心理学改写人生脚本》

- 与父母的关系，是一个人最大的命运。
- 我们与父母的关系，会影响我们如何与自己、他人及这个世界相处，这就是原生家庭的羁绊……
- 读懂人生脚本，走出原生家庭的死循环诅咒，看见自己、活出自己，而不是做别人人生的配角！